Art Design

高等院校信息化教学新形态精品教材

# 服装立体裁剪



主　编　周朝晖　罗岐熟　许少玲

副主编　黄苏子　李海钱　刘亚平

南京大学出版社

## 内 容 提 要

本书共8章，内容包括服装立体裁剪概述、上衣原型立体裁剪、领子立体裁剪、袖子立体裁剪、裙子立体裁剪、成衣立体裁剪实例分析、创意礼服立体裁剪实例分析、立体裁剪艺术表现手法和材料拓展。本书对每一个知识点都进行了较为详细的阐述，将理论与实际应用相结合，实操部分均配有清晰、详细的步骤图，有利于学生理解和操作。

本书可作为高等院校服装设计专业的教材，也可作为服装设计和制作人员的参考用书。

**图书在版编目(CIP)数据**

服装立体裁剪 / 周朝晖，罗岐熟，许少玲主编. — 南京：南京大学出版社，2019.1（2024.1重印）
ISBN 978-7-305-21655-8

Ⅰ.①服… Ⅱ.①周… ②罗…③许… Ⅲ.①立体裁剪－高等学校－教材 Ⅳ.①TS941.631

中国版本图书馆CIP数据核字(2019)第026825号

出版发行 南京大学出版社
社 址 南京市汉口路22号 邮 编 210093

书 名 服装立体裁剪
FUZHUANG LITI CAIJIAN
主 编 周朝晖 罗岐熟 许少玲
责任编辑 蔡文彬 编辑热线 (010) 82896084

印 刷 河北鑫彩博图印刷有限公司
开 本 889 mm × 1194 mm 1/16 印张 8 字数 299千
版 次 2019年1月第1版 2024年1月第4次印刷
ISBN 978-7-305-21655-8
定 价 49.00元

网址：http://www.njupco.com
官方微博：http://weibo.com/njupco
官方微信号：njupress
销售咨询热线：(025) 83594756

# 资源使用说明

## 资源类型说明

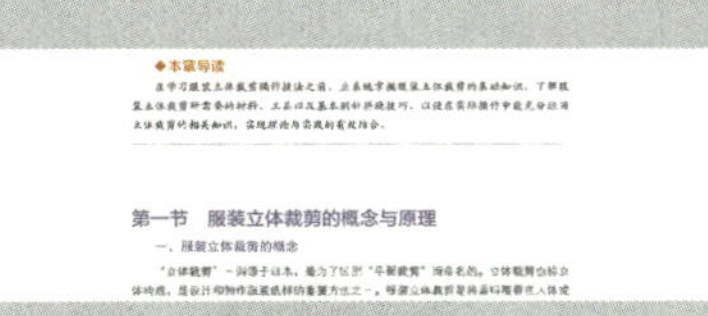

◆本章导读

第一节　服装立体裁剪的概念与原理

一、服装立体裁剪的概念

### 图文

设置作品赏析、经典案例、知识拓展等栏目，补充与拓展教学内容

### 动画

动态展示复杂、抽象的概念和原理

### 视频

以微课、教学录像、短小视频讲解重难点、考点与易错点

## 资源使用方法

扫一扫教材中的二维码，即可观看视频、动画、图文。

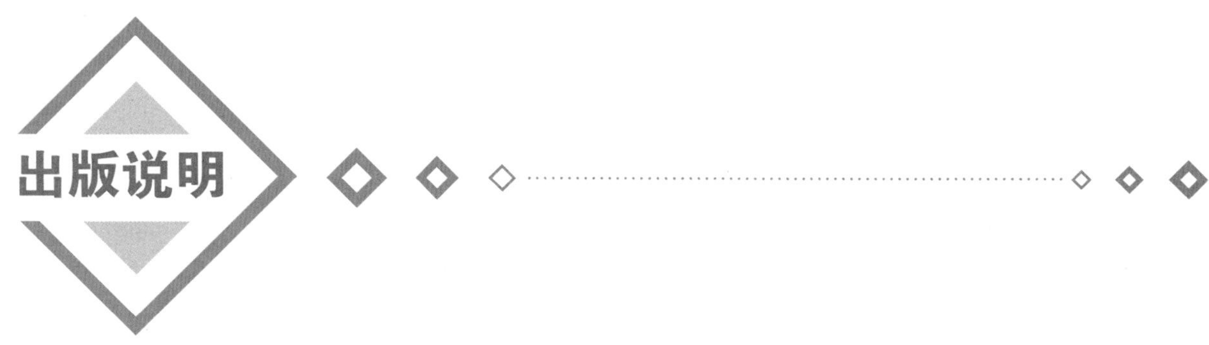


艺术教育为国家培养了大批文化艺术人才，是我国文化艺术事业和精神文明建设不可或缺的部分。《中华人民共和国国民经济和社会发展第十三个五年规划纲要》指出，要加快发展现代文化产业，推进文化业态创新，建设现代传媒体系。这对高校艺术教育提出了更高的要求。同时，近年来"互联网+教育""移动终端学习""混合式学习"等新的教学趋势愈演愈烈。《国家中长期教育改革和发展规划纲要（2010-2020年）》提出："信息技术对教育发展具有革命性影响，必须予以高度重视。"这也对现有的教育教学模式提出了新的挑战。

为了促进普通高等学校艺术教育工作，推动高校艺术教育工作健康、稳步发展，满足艺术专业领域对人才的需求，为国家培养艺术人才提供智力保障，国教广通（北京）教育科技研究院携手南京大学出版社，深入调研艺术类专业的教学情况及相关企业的用人需求，提出"互联网+教育"智慧教材理念，广泛联合专家、学者、一线老师、企事业人员等，结合高等院校艺术类专业的教学标准要求及教学改革新成果，引入信息技术，策划出版了高等院校信息化教学新形态精品教材。

本系列教材符合艺术类专业教育教学改革的要求，注重艺术教育的特点，将纸质教材与移动智能终端有机结合，能激发学生兴趣，实现教学资源信息化、教学终端移动化、教学过程数据化，最终实现"互联网+教育"的深度融合。

本系列教材具有以下特色：

（1）联合艺术行业专业人才，将行业的新理念、新规定融入教材，着力培养创新型、应用型艺术专业人才。

（2）以适应社会实际需要为宗旨，注重理论与实践相结合，力求教材内容实用，重点突出，深入浅出；围绕高等教育的培养目标和教学要求，注重学生基本技能的培养。

（3）配套移动端App，教材中知识点和技能点以"微课""动画""作品赏析"等形式展现，可直接扫描二维码进行学习，颠覆了传统课堂讲授模式，提高了学生学习兴趣及学习效率。

（4）版面美观、新颖，采用杂志化编排，四色印刷，符合学生的审美需求。

高等院校信息化教学新形态精品教材是基于移动信息技术开发的智能化教材的一种探索和尝试，希望本系列教材的出版能推动艺术教育的改革和发展，为艺术专业领域人才建设做出贡献。

**高等院校信息化教学新形态精品教材**

**编委会**

# 前言

服装立体裁剪是服装设计专业、服装设计与工程专业的一门核心课程，是对人体着装再创造的过程。立体裁剪作为直观的造型手法，能方便、快捷地再现服装各要素之间的比例分配关系和相互交错的形式。学习服装立体裁剪有利于学生更好地了解人体结构，并从中找到平面裁剪中结构变化的原始根据，对初学服装设计者是很好的启蒙和训练。为了编写一本简单易学、有创意、学生喜欢的教材，编者在查阅大量资料，并总结自己多年经验的基础上，编写了本书。

本书力求在服装立体裁剪款式上有所创新，在裁剪手法上有所创意，收集了国际上大量的高级定制图例并进行分析，同时添加了立体裁剪中的多种艺术表现手法和非常规材料在立体裁剪中的运用等内容，为学生的创意设计提供了更多的素材和想象空间。在内容编写上力图由浅入深，由简单到复杂，循序渐进地介绍服装立体裁剪的关键要点，激发学生学习的兴趣，使其快速掌握基础知识及操作技巧。

本书由湖南艺术职业学院周朝晖、广东轻工职业技术学院罗岐熟、湖南艺术职业学院许少玲担任主编，由湖南艺术职业学院黄苏子、中山市沙溪理工学校李海钱、长沙民政职业技术学院刘亚平担任副主编，全书由周朝晖统稿、审定。本书在编写过程中还得到了有关专家和学者的鼎力支持与帮助，在此表示衷心感谢。

由于编者水平有限，书中难免存在疏漏和不足之处，敬请广大读者批评指正。

编　者

CONTENTS

# 第一章
## 服装立体裁剪概述

◆本章导读

在学习服装立体裁剪操作技法之前，应系统掌握服装立体裁剪的基础知识，了解服装立体裁剪所需要的材料、工具以及基本的别针拼缝技巧，以便在实际操作中能充分运用立体裁剪的相关知识，实现理论与实践的有效结合。

## 第一节　服装立体裁剪的概念与原理

### 一、服装立体裁剪的概念

“立体裁剪”一词源于日本，是为了区别“平面裁剪”而命名的。立体裁剪也称立体构成，是设计和制作服装纸样的重要方法之一。服装立体裁剪是将面料覆着在人体或人体模型上，通过将面料分割、折叠、收省、抽缩、缠绕等技术手法制成预先构思的服装造型，再按服装结构形状裁剪面料或纸张，最后将剪切后的面料或纸张展平，制成正式的服装纸样。

服装立体裁剪具有以下特征：

（1）直观性：立体裁剪具有造型直观、准确的特点，是由其裁剪方式决定的。设计者可以根据自身的设计直接作用于人体模型上，并能同时观察操作结果，对其造型进行及时的调整和重新改造。立体裁剪能增强设计者对服装的直观理解，方便其进行更多的创意实践。通过视觉观察人体体型与服装构成关系而进行设计细节处理，立体裁剪是最直接、最简便的裁剪手段。

（2）实用性：立体裁剪不仅适用于结构简单的普通服装，也适用于款式多变的时装。在进行立体裁剪操作时不需要公式计算，也不受任何数字束缚，只需要根据设计意图和人体模型的实际需要来“调剂余缺”，即可达到设计作品成型的效果。

（3）适应性：立体裁剪不但适合初学者，也适合专业设计与制作人员。对于初学者，即使不会量体，不懂计算公式，如果掌握立体裁剪的操作程序和基本要领，也能够裁剪服装。专业设计与制作人员想要设计并制作出高质量的成衣艺术作品，更应该学习和掌握立体裁剪的相关技术。

（4）灵活性：掌握立体裁剪的基本要领后，设计者可以边设计、边裁剪、边修改，随时观察效果，及时纠正，直至达到满意效果。

（5）易学性：服装立体裁剪是以实践为主的技术，主要依照人体模型进行设计与操作，没有艰深的理论，也没有烦琐的计算公式，是一种简单易学、快捷有效的裁剪方法。

### 二、服装立体裁剪的原理

平面裁剪和立体裁剪的最终目的都是制作出精确的服装样板。在立体裁剪中，只要有人台和布料，就可以同绘画一样很自如地创作出想象中的造型，用布在人台上进行表现，直观地体现出人台和布料的物理特性。例如有垂感的布料能够垂下来，有弹性的布料可以应用其弹力进行造型，不需要很多的技巧。需要注意的是：仅仅将布料紧紧地包裹在人台上还不能称为创作或设计者的技巧，重要的是如何在人台（或人体）与所创作的服装之间留有适当的空间余量，使服装具有舒适性和功能性。

除了基本操作以外，在实施立体裁剪的过程中，也可以边裁剪、边思考，引发设计灵感。另外，在平面裁剪中难以估算的布料厚度和悬垂程度等问题，都可以在立体裁剪过程中得到解决。有时逆向应用其材料特性而引发设计灵感，领会裁剪技法的微妙变化是非常有趣的，特别是在设计一些有褶皱和波浪效果的款式时，平面裁剪中需要反复试穿多次，才能确定样板；而应用立体裁剪，一开始就处于着装条件下，能直接且较顺利地达到设计效果。从服装的造型美角度来讲，有时必须在人体原有基础上进行一些变形处理，在这种情况下应用立体裁剪技术，可以较容易地在着装状态中，对变形和平衡关系加以把握、确认。

从经济方面考虑，设计师往往采用坯布作为立体裁剪的首选布料，如果是高级定制服装，也可以采用质感与实际面料相近的布料进行操作。设计师先将自己的设计意图直接用布在人台上表现出来，仔细检查分割线的位置、比例、平衡及合身度，再拆掉大头针，确定所有的分割线和破缝，最后将片轮廓用线条连接，确定好裁片。

设计师在人台上处理布料时，主要依靠布料的直纱和横纱来实现设计意图并使服装达到平衡，所以设计师应熟悉面料的特性，以正确选择与款式相匹配的面料。至于如何才能使服装更合体，则需要不断学习和积累经验。

服装立体裁剪一般包括以下几个步骤：

（1）款式分析：包括省量配置与处理、松量的加放以及分割线位置的确定。

（2）根据穿着者的体型选择人台，必要时应适当补正人台。

（3）以坯布或面料为材料，借助剪刀、大头针等工具，在人台上边裁边别样，进行服装初步造型。

（4）用铅笔或胶带进行标点描线，对初步造型完成的服装衣片结构加以记录。

（5）进行平面的布样整理，并用大头针假缝，使服装基本成型。

（6）在人台或真人上试样，审视服装造型的准确性以及合体性，并加以调整修改。

（7）将试样补正后的布样复制成纸样。

（8）将得到的纸样放置在布料上进行画样、裁剪、缝制。

## 第二节　服装立体裁剪常用工具

### 一、人台

服装立体裁剪离不开专用人台。人台又称为人体模型，是人体的替代品，从根本上解决了在人体上进行立体裁剪的不便，是立体裁剪最基本的工具之一（见图1-1和图1-2）。人台的尺寸规格及造型的准确性直接影响立体裁剪工作的效率和服装成品的质量。人台的分类方法有很多，按加放松量分类，可分为成衣人台和裸体人台；按性别和年龄分类，可分为女体人台、男体人台和童体人台；按设计的目的和用途分类，可分为试衣用人台、展示用人台和立体裁剪人台；按国别分类，可分为法式人台、美式人台、日式人台等；按全身与半身分类，还可分为全身人台和半身人台。选择人台时，应注意各部位尺寸比例应与实际人体相符，质地也要软硬适度，富有弹性，以便于插针。

#### 1. 人台标线

（1）前中心线的标定：用胶带自领围前中心点向下拉一条垂线，必要时可以在胶带下端悬一重物，以确保胶带垂直，然后将胶带贴在人台上即可完成前中心线的标定，如图1-3所示。

（2）后中心线的标定：自领围后中心点向下拉一条垂线，可标定后中心线，方法同前中心线，如图1–4所示。后中心线标定完成后，应用软尺检查前、后中心线左右距离是否相等。

（3）胸围线的标定：胸围线是胸部最丰满处的水平线，可从人台正侧面找到胸高点，以此点为起点环绕人台一周作水平线，如图1–5所示。

（4）腰围线的标定：腰围线是腰部最细处的水平线，可从人台正侧面找到腰部最细点，以此点为起点环绕人台一周作水平线，如图1–6所示。

（5）臀围线的标定：臀围线是臀部最丰满处的水平线，一般可以从人台正侧面找到臀部最高点，以此点为起点环绕人台一周作水平线，如图1–7所示。

（6）肩线的标定：由颈侧点到肩点的连线即肩线。说明：颈侧点位于颈侧中央厚实部位稍偏后的位置，肩点位于手臂根部围线上部的中点，如图1–8所示。

（7）侧缝线的标定：通过手臂根部围线下部的中点作一条垂线，此线将人台侧面的厚度平分，如图1–9所示。

（8）前公主线的标定：从肩宽中点，经过肩胛骨中心，向内斜向腰围线，再向外斜向臀围线延伸至人台底部，这样形成的前公主线在胸围处较宽，在腰围处变窄，在臀围处又变宽，从而体现出三围尺寸的曲线美，如图1–10所示。

（9）后公主线的标定：从肩宽中点，经过胸围线，向内斜向腰围线，再向外斜向臀围线延伸至人台底部，这样形

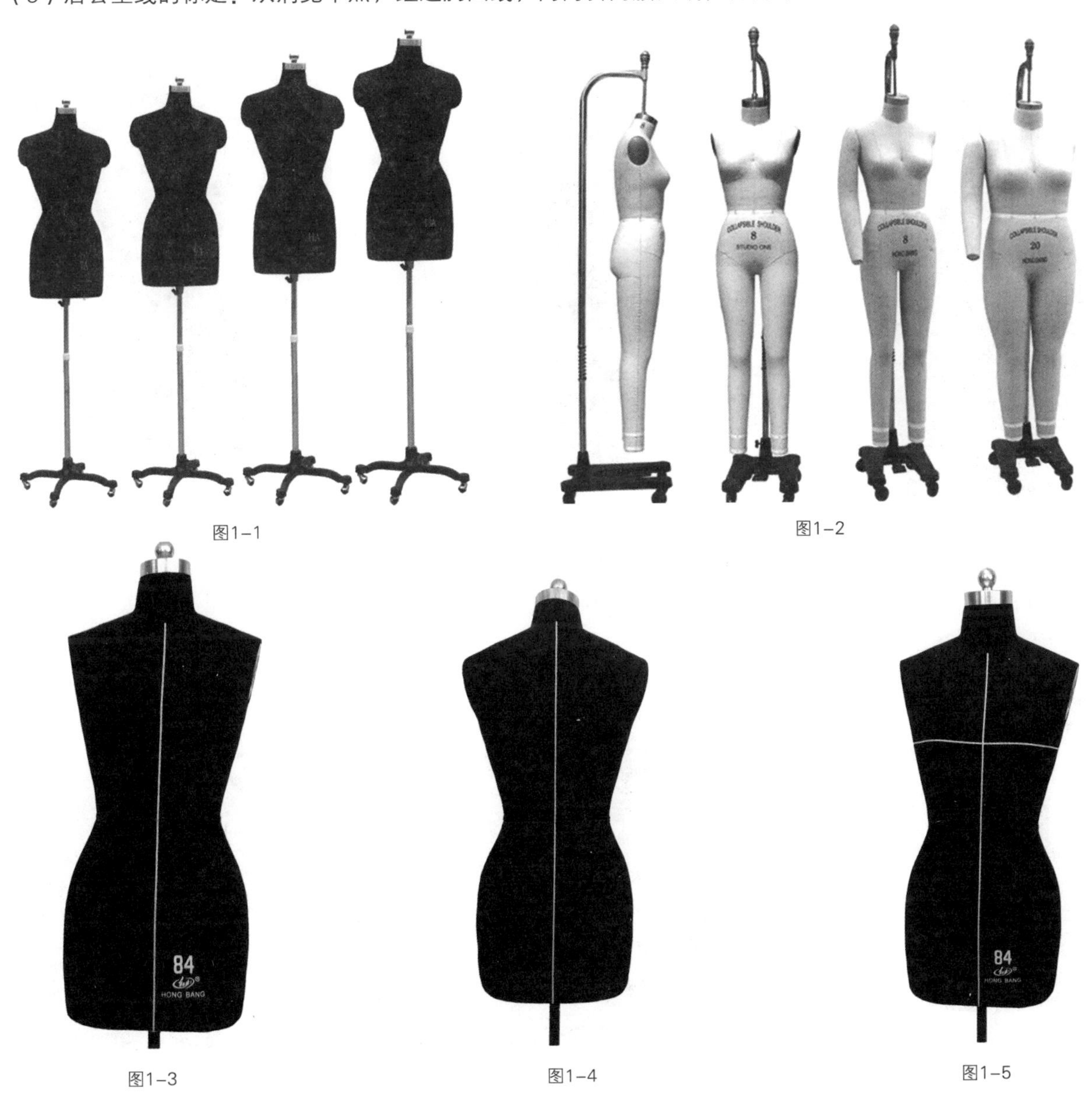


图1–1

图1–2

图1–3

图1–4

图1–5

成的后公主线在胸围处较宽，在腰围处变窄，在臀围处又变宽，从而体现出三围尺寸的曲线美，如图1-11所示。

（10）颈围线的标定：用胶带沿颈根部环绕一圈，贴合时可用剪刀在胶带底边剪出缺口，便于弧度的贴合，如图1-12所示。

（11）手臂根部围线的标定：用胶带沿手臂根部环绕一圈，注意手臂根部前后尺寸并不相同。贴合时可用剪刀在胶带外边剪出缺口，便于弧度的贴合，如图1-13所示。

图1-6

图1-7

图1-8

图1-9

图1-10

图1-11

图1-12

图1-13

### 2. 特殊设计人台增补

特殊设计人台增补所需材料为填充棉，可用化纤或絮料，表布可以选用棉布。如果要加大胸围，可以在胸部位置放置几层填充棉，以达到期望的胸围尺寸，注意边缘要由厚变薄慢慢过渡，再覆盖一层棉布，用大头针固定，或者用手缝针缝合在人台上，如图1–14所示。

人体在肩背部的造型差异较大，在裁剪时不能忽视。若穿着者肩背部较厚实、造型突出，可将衬垫沿斜方肌方向从颈部、肩部到背部修成需要的造型，用大头针固定，或用手缝针缝合在人台上，如图1–15所示。

如果要加大腰围和臀围，可沿着腰部和臀部加上填充棉，均匀铺开，边缘要由厚到薄自然过渡，达到期望尺寸后再用棉布覆盖，用大头针固定，或用手缝针缝合在人台上，如图1–16所示。

## 二、其他工具

（1）布料：服装立体裁剪所用布料必须遵循与实际裁剪面料的性质相近的原则。为降低操作成本，一般选取白坯布作为代用布，如图1–17所示。

（2）胶带：胶带用于在人台上标示出人体的基础标识线，如胸围线、腰围线、臀围线等，同时也可以记录坯布造型的轮廓线。因其可以随意挪动，且在记录时可以随时调整其位置、形状、长短和方向等级，使用非常方便。胶带宽度不宜超过0.5 cm，如图1–17所示。

（3）大头针和针插：服装立体裁剪的专用大头针用来固定布料和人台、布料和布料媒介，其针尾为大圆头，俗称珠针。针插可自行制作，在操作过程中佩戴于手腕，便于珠针的收纳，如图1–18所示。

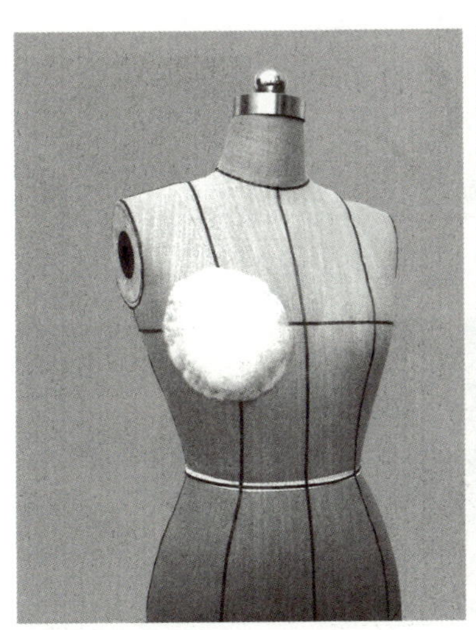

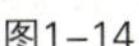

图1–14

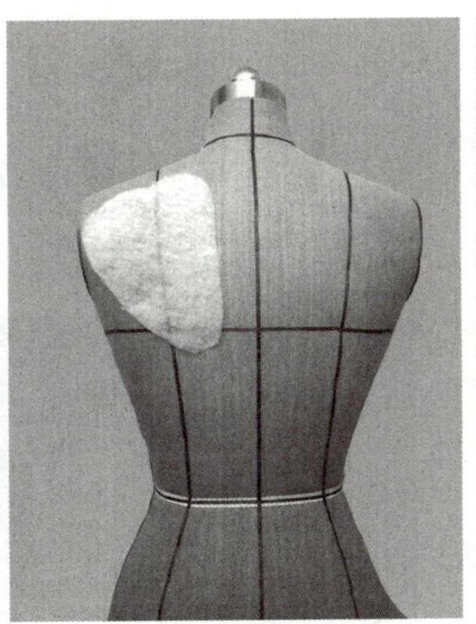

图1–15

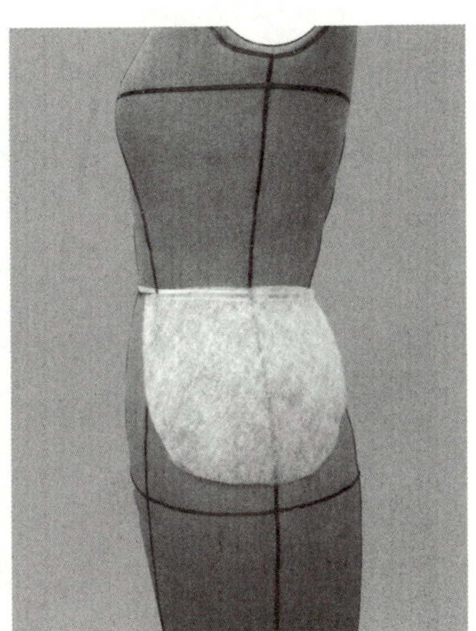

图1–16

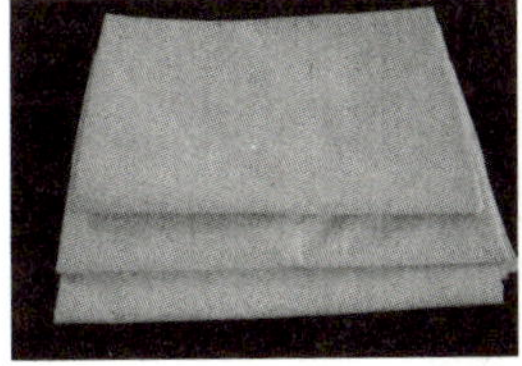

图1–17

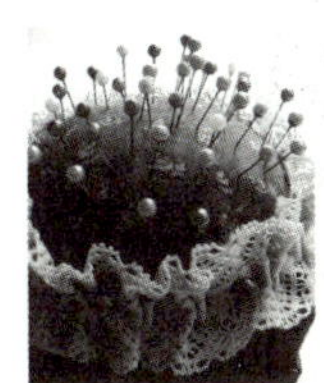

图1–18

（4）剪刀：需要准备剪布专用和剪纸专用的剪刀各一把。剪布专用剪刀建议选择9号（9 in）或10号（10 in），如图1-19所示。

（5）铅笔、褪色笔和各类专用制图尺：铅笔和褪色笔用来标注坯布上的结构线，一般以点影线标注；专用制图尺包括直尺、三角板、软尺等，用于辅助修正服装版型轮廓，如图1-20和图1-21所示。

（6）钢丝钳和美工刀：用于非常规材料的处理，如图1-22所示。

（7）其他工具：除了以上的基本工具和材料外，画粉、描线器、锥子和牛皮纸可用来进行纸样复制和放缝，在服装立体裁剪中也是必备工具，如图1-23所示。

图1-20

图1-19

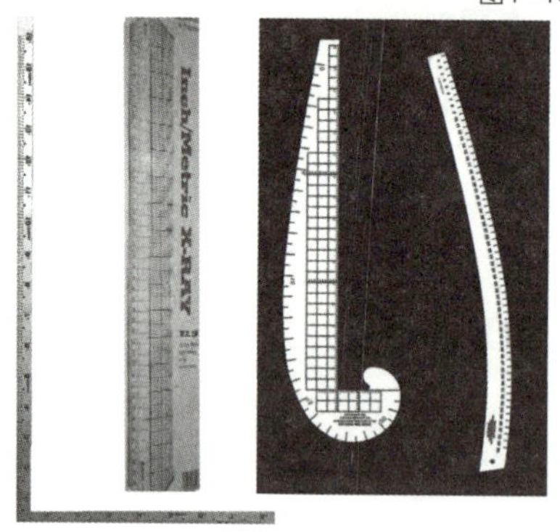

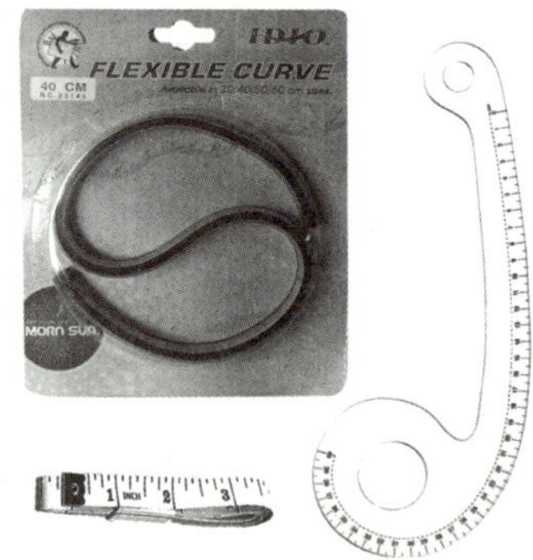


图1-21

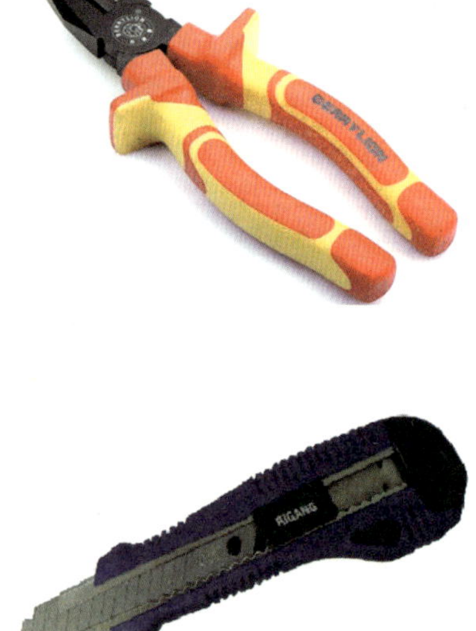

图1-22

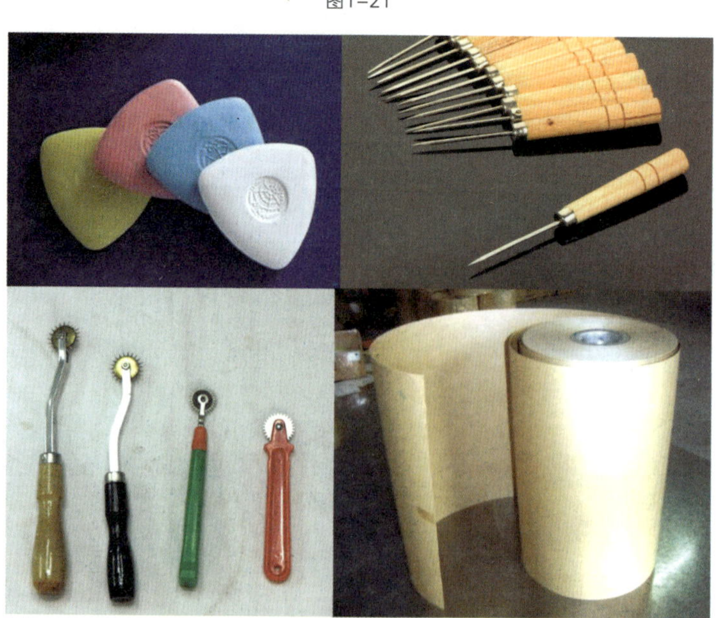

图1-23

## 第三节　立体裁剪别针技法

在立体裁剪拼缝过程中，别针技法至关重要，是服装准确造型和良好表现的保证。它不仅需要将两版裁片简单地对合，而且应标注出分割线的位置来确定纸样的轮廓。

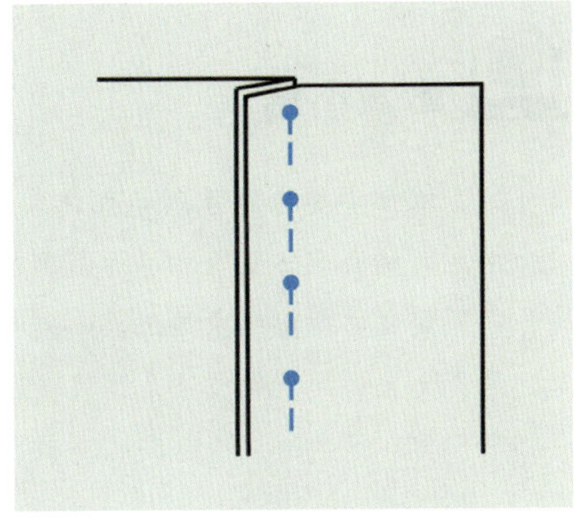

图1-24

### 一、坯布与人台固定的针法

固定坯布与人台时，大头针扎入人台不宜过深，不宜超过针身长度的1/3。扎针的位置要适度，不宜过多，随着立体裁剪塑形的完成，固定坯布与人台的大头针逐渐转化为固定坯布与坯布的大头针。常见的针法有以下三种。

（1）日式单针法：将大头针直接斜插入人台，在日本立体裁剪中用于临时固定布料。

（2）日式双针法：将大头针呈倒八字斜插入人台，在日本立体裁剪中用于正式固定布料。

（3）法式单针法：大头针针尖横向直接将坯布与人台面料挑别在一起，在法国立体裁剪中用于正式固定布料。

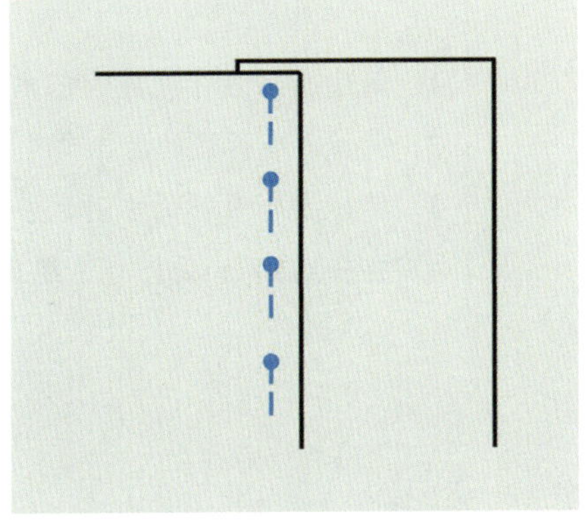

图1-25

### 二、坯布与坯布固定的针法

固定坯布与坯布的常用针法有以下四种。

（1）对别法。将两块布料的边缘对齐合拢，大头针沿着缝份扎别，大头针方向一致，别合的位置即缝合线。此针法是立体取样及造型时的常用针法，如图1-24所示。

（2）重叠法。将两块布料重叠在一起，用大头针依次固定。此针法适用于布料拼接及需要平服的部位，如图1-25所示。

（3）折叠法。折叠法又称盖别法。先将一块布边的缝份折叠，覆盖在另一块布的完成线上，用大头针依次固定。此针法便于半成品试穿、做标记等，常用于别合侧缝、袖缝、肩缝等部位，如图1-26所示。

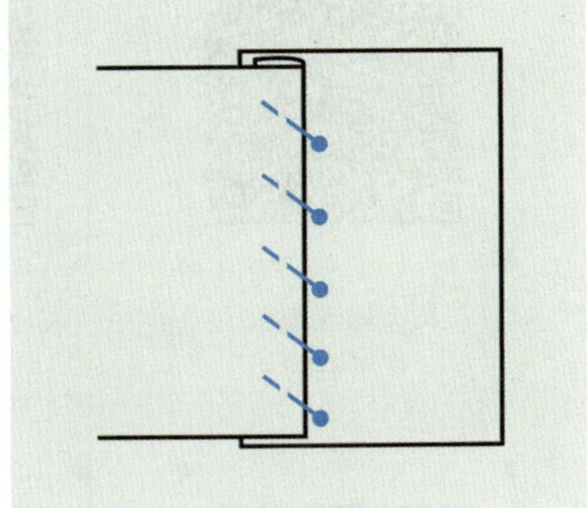

图1-26

（4）藏针法。从一块布的折线处插入大头针，穿过另一块布，再折回到折线内即藏针法。此针法能显示造型完成缝合后的效果，常用于装袖子等部位，如图1-27所示。

### 三、别针技法的注意要点

（1）大头针要使用针尖挑布，针尖朝下，藏在布里的量要少。

（2）大头针别合时应规范整齐，考虑到制成线的美观，大头针应首尾相对或倾斜方向保持一致。袖口、下摆处应竖向别合，以防变形。

（3）在直线的地方应拉开距离别合，曲线的地方细密些别合。

（4）省尖可横别一根大头针，表示省尖位置。

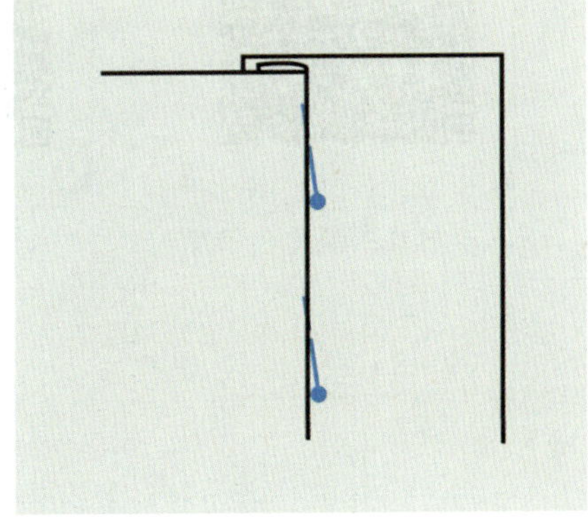

图1-27

## 本章小结

本章主要介绍了服装立体裁剪的概念、原理、所需工具以及别针技法。在实践操作中，可结合立体裁剪和平面裁剪的优点，综合使用两种技法，以获得较理想的样片。人台是服装立体裁剪的主要工具，人台的选择、标线和增补非常关键，直接影响服装成型的效果。大头针的别针技法是服装准确造型和良好表现的保证。

## 思考与练习

1. 简述服装立体裁剪的基本特征和裁剪原理。
2. 简述人台标线的功能和作用，并在人台上标定标示线，注意检查标示线的准确性。
3. 简述人台增补的作用，并进行人台增补练习。
4. 在长约50 cm的坯布上练习别针技法，要求布料平整，针迹整齐，间距均匀。

人台标线操作（前中心线）

人台标线（公主线）

两侧公主线和三围

人台标线；领圈和袖窿

立体裁剪别针技法（1）

立体裁剪别针技法（2）

立体裁剪别针技法（3）

# 第二章 上衣原型立体裁剪

◆本章导读

衣身原型是指覆盖人体躯干、位于腰节线以上部分的纸样造型。通过本章的学习，学生应掌握上衣立体裁剪的基本技能和操作方法，从根本上了解上衣原型结构，掌握省道转移、缝制和褶皱设计的操作方法和技巧，能够快捷合理地获得优美而精准的服装结构纸样，能独立分析衣身款式结构，为后续立体裁剪的学习奠定基础。

## 第一节　衣身原型立体裁剪

### 一、准备坯布

（1）撕掉坯布的布边。

（2）沿坯布直纱方向，沿侧颈点到腰围线测量前长的距离，再增加5 cm。

（3）在人台上量出胸围尺寸。

（4）沿坯布横纱方向量取胸围$B$/2+6 cm（放松量）+10 cm（前后两边预留量）。

（5）沿直纱撕掉多余坯布。

（6）在坯布纵向布边5 cm的位置，左右各绘制一条垂直辅助线，作为前、后中线。

（7）过前中心线的中点绘制一条水平辅助线，作为胸围线（见图2-1）。

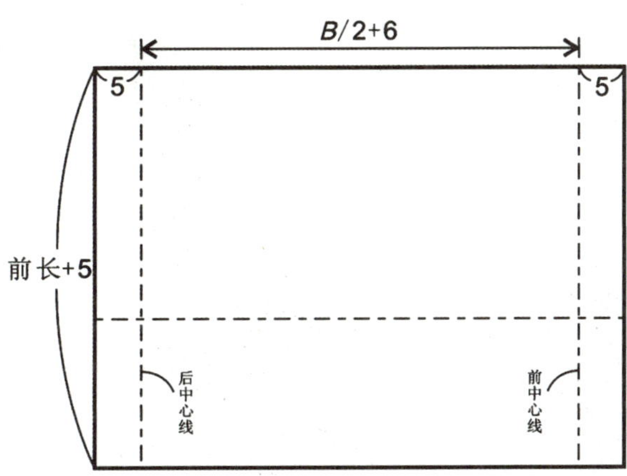


图2-1

## 二、立体裁剪步骤

（1）将人台的前中心线与布的经纱方向（前中心线）对齐，使腰围线和胸围线分别与人台腰围线和胸围线对合，在前中心线、胸高点和后中心线位置用别针固定。此时别针应避开人台上的标示贴（见图2-2和图2-3）。

（2）在侧面将胸围上的松量前后分散，在侧缝位置别针。此时应注意保持腰围线水平（见图2-4）。

（3）将沿颈侧点方向到袖窿线之上的肩线用剪刀剪开（见图2-5）。

（4）将颈窝点以上的前中心线用剪刀剪开（见图2-6）。

（5）用记号笔沿人台的领围线描出前领弧线，预留1 cm缝头，修去多余的布料（见图2-7和图2-8）。

（6）将前领口线位置的布料推顺，打向上剪口，在颈肩点处用别针固定。

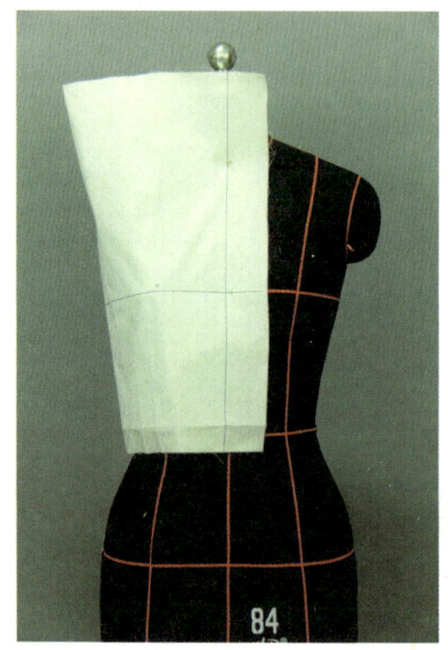

图2-2

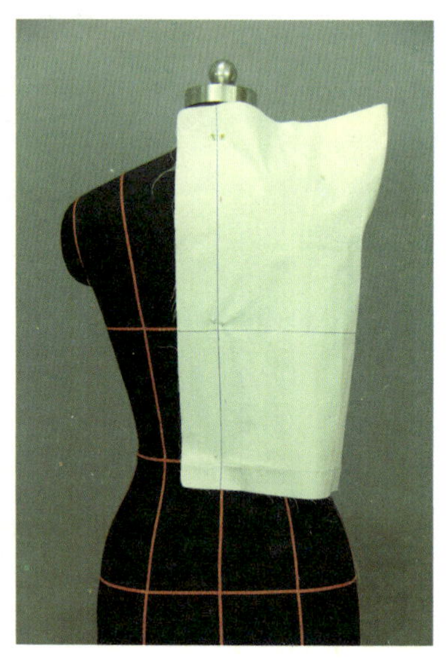
图2-3

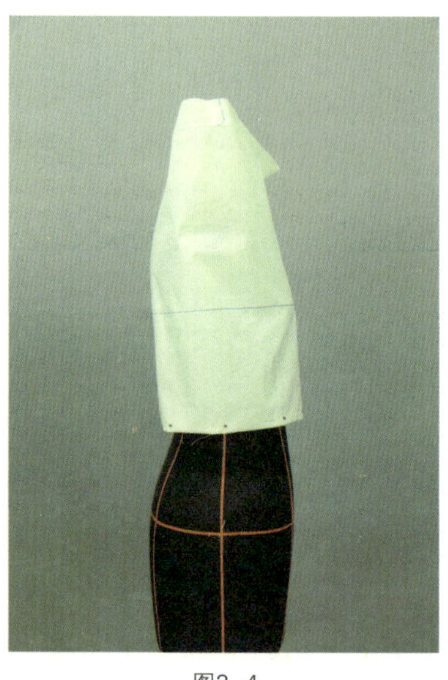
图2-4

图2-5

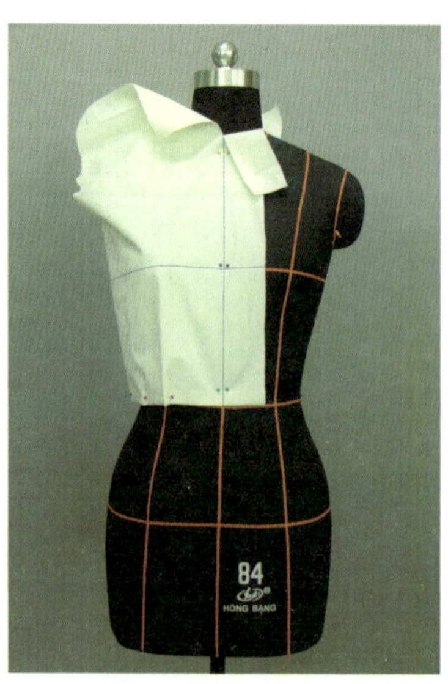

图2-6

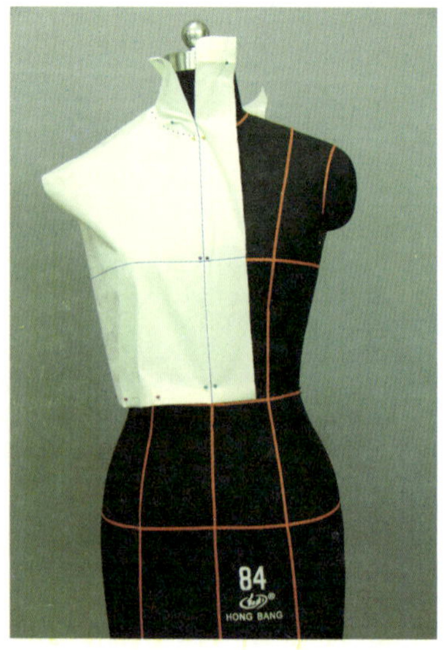

图2-7

（7）用同样的方法处理后领口线（见图2-9）。

（8）在后片距离肩端点4～5 cm处捏合后肩省，用别针固定（见图2-10）。

（9）推顺前肩，在肩端点附近别针，从袖窿线向胸点方向用对别针法将袖窿省固定（见图2-11）。

（10）让前后肩在肩线上对合，使用捏合针法对合固定，留1 cm缝头，修去多余的布料。

（11）将腰省合理分散在前后腰，扎针固定。此时各个省之间的经向布纹垂直向下（见图2-12）。

（12）用捏合针法固定腰省。为了让腰部产生松量，别针时要离开人台一段距离。

（13）在臂根底部向下2～2.5 cm的位置确定袖窿线，画出袖窿弧线。

（14）用记号笔点画出肩线、省道线、袖窿弧线。

（15）标记完后取下所有别针，再画实线连接标记点。完成的最终样板如图2-13所示。

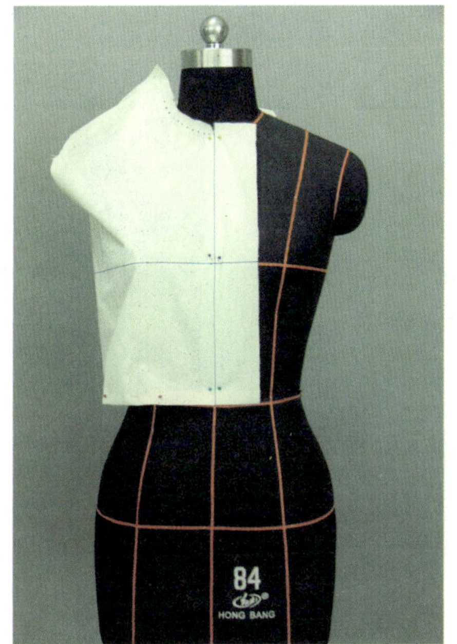


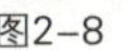
图2-8

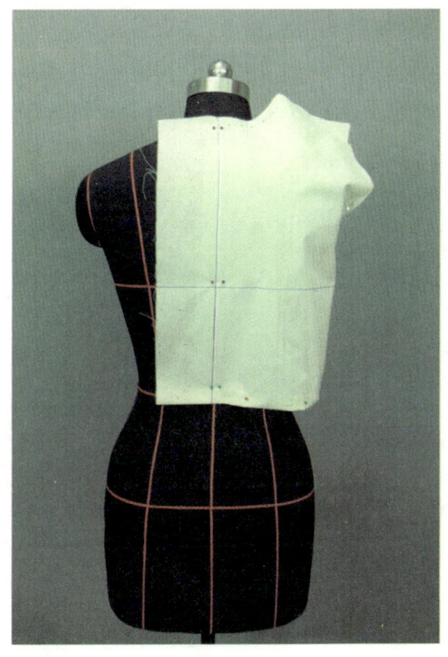
图2-9

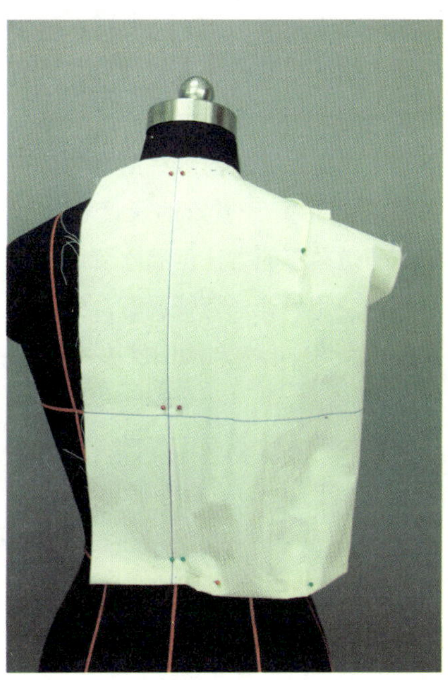
图2-10

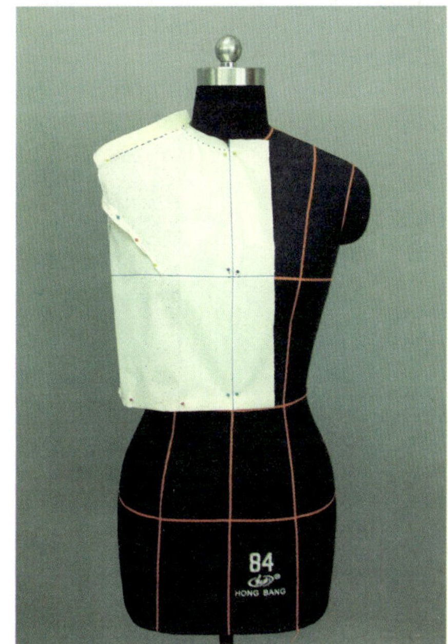

图2-11

图2-12

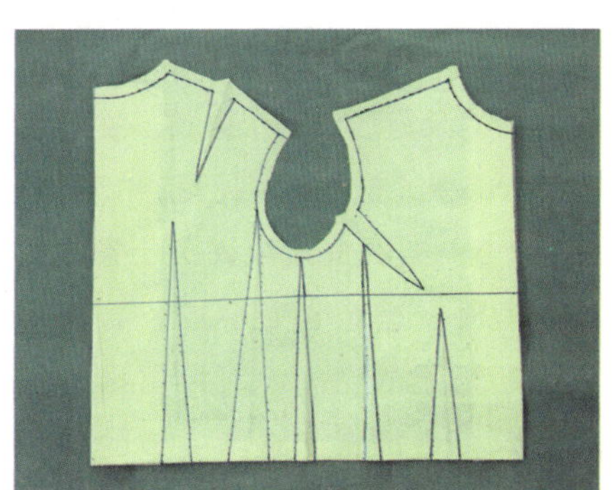
图2-13

# 第二节 省道处理

## 一、省道转移

基础衣身的肩省、胸省和腰省可以根据功能性和款式设计的需要转移至不同的部位。当在衣服上加了一个省之后，就会改变某些结构线的位置，如腰围线、侧缝线、肩线等，都需要重新调整。当衣身在胸围线以上（或以下）只做一个省的时候，会出现坯布横纱纱向不平直的情况，且省道会很长；当将余量分配到胸围线上下两个位置时，衣身纱线的方向会得到很好的平衡，省道的长度也会缩短。省道转移的方法可独立使用，也可混合使用。在任何情况下，省道都以胸高点为中心，向周围发散。

### 1. 腰省

准备坯布：长度取肩顶前长+10 cm，宽度取胸围位于前中心线到侧缝线+10 cm的尺寸。在裁好的坯布一侧距边缘5 cm处绘制垂直线作为前中心线，取胸高点+5 cm的尺寸绘制水平线作为胸围线。具体操作如下：

（1）在前中心线和*BP*点（胸高点，后同）处扎针固定坯布（见图2-14）。

（2）将胸部以上部分沿横纱抚平，然后在前肩端点位置扎针固定。

（3）将袖窿底部的坯布抚平，然后在袖窿底点位置扎针固定。

（4）沿纱线方向将坯布抚平，使所用的余量形成一个腰省。在腰围线下方必要处打剪口（见图2-15）。

（5）当衣身只依靠一个省道进行造型时，这个省道会较长。为了减小所需用的空间，可以留出缝份后剪掉多余的量。最终完成的样板如图2-16所示。

### 2. 前腰中心省

准备坯布：长度取肩顶前长+10 cm，宽度取胸围位于前中心线到侧缝线+10 cm的尺寸。在裁好的坯布一侧距边缘5 cm处绘制垂直线作为前中心线，取胸高点+5 cm的尺寸绘制水平线作为胸围线。具体操作如下。

（1）在前中心线和*BP*点处扎针，以固定坯布（见图2-17）。

（2）将胸部以上部分沿横纱抚平，然后在前肩端点位置扎针固定。

（3）将袖窿底部的坯布抚平，然后在袖窿底点位置扎针固定。

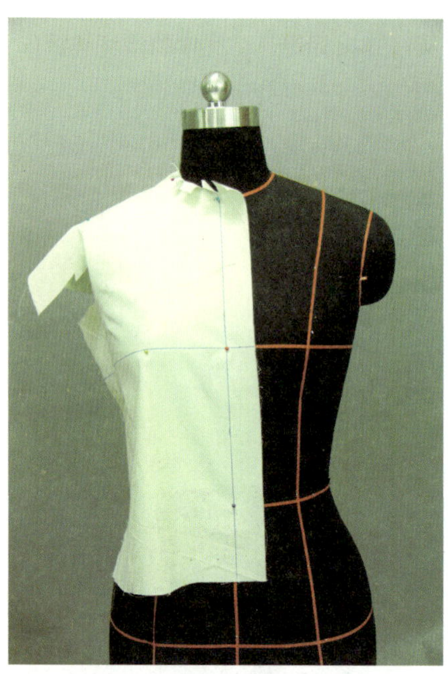

图2-14

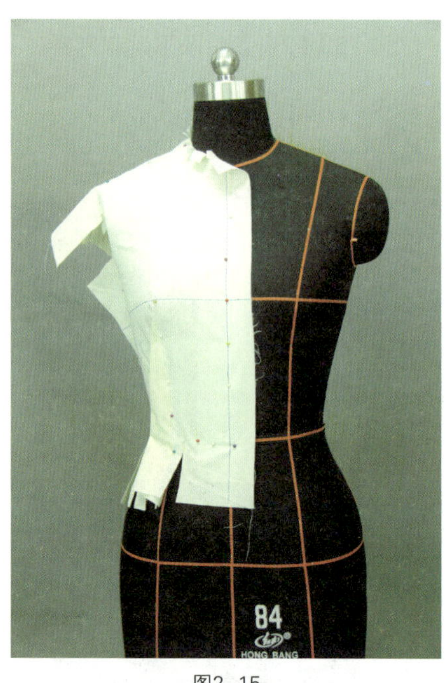


图2-15

图2-16

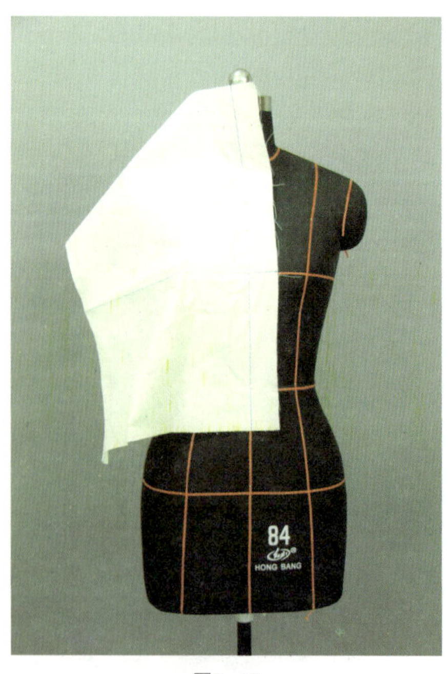


图2-17

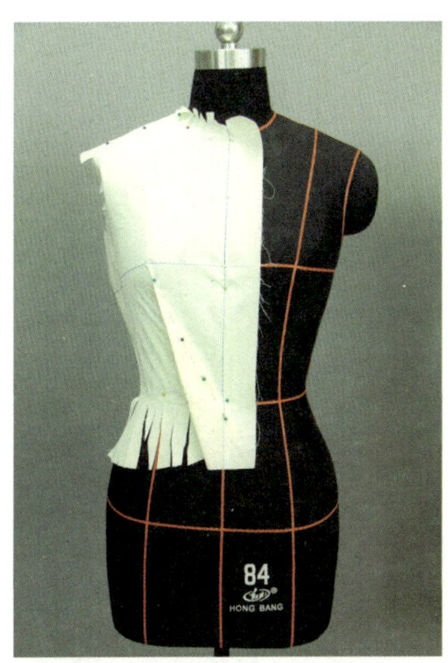

图2-18

图2-19

（4）将坯布抚平，使所有的余量集中到腰围线上（见图2-18）。

（5）根据需要，在腰围线下方打剪口，将余量集中到前中心线，与腰围线的交点处形成一个省。最终完成的样板如图2-19所示。

### 3. 法式省

准备坯布：长度取肩顶前长+10 cm，宽度取胸围位于前中心线到侧缝线+10 cm的尺寸。在裁好的坯布一侧距边缘5cm处绘制垂直线作为前中心线，取胸高点+5 cm的尺寸绘制水平线作为胸围线。具体操作如下。

（1）在前中心线和*BP*点处扎针，以固定坯布（见图2-20）。

（2）将胸部以上部分沿横纱抚平，然后在前肩端点位置扎针固定。

（3）将袖窿底部的坯布抚平，然后在袖窿底点位置扎针固定。

（4）将上腹部的坯布抚平，然后在腰围线下方打剪口，使衣身平整。

（5）将坯布抚平以后，使多余的量全部移向侧缝底部，将省道固定（见图2-21）。最终完成样板如图2-22所示。

### 4. 领省

准备坯布：长度取肩顶前长+10 cm，宽度取胸围位于前中心线到侧缝线+10 cm的尺寸。在裁好的坯布一侧距边缘5 cm处绘制垂直线作为前中心线，取胸高点+5 cm的尺寸绘制水平线作为胸围线。具体操作如下。

（1）在前中心线和*BP*点处扎针，以固定坯布（见图2-23）。

（2）将上腹部的坯布抚平，然后在腰围线下方打剪口，使衣身平整；在腰围线和侧缝线的交点位置扎针固定（见图2-24）。

（3）将坯布抚平，朝着肩部方向推移多余的量，在袖窿底点扎针固定。

（4）将袖窿周围的余量推移至肩端点位置，然后在肩端点处扎针固定。

（5）将肩线抚平，在侧颈点位置扎针固定。

（6）在领围线位置打剪口，把多余的量转移至前颈点处并扎针固定（见图2-25），最终完成样板如图2-26所示。

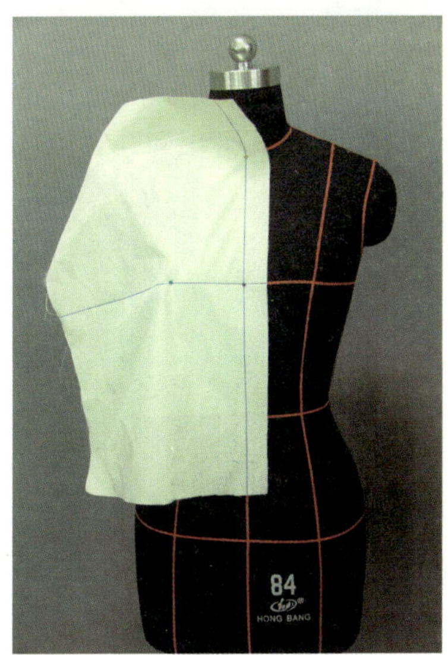

图2-20

图2-21

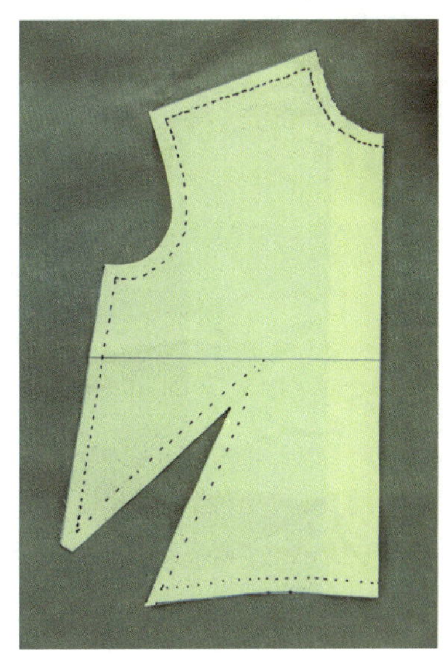
图2-22

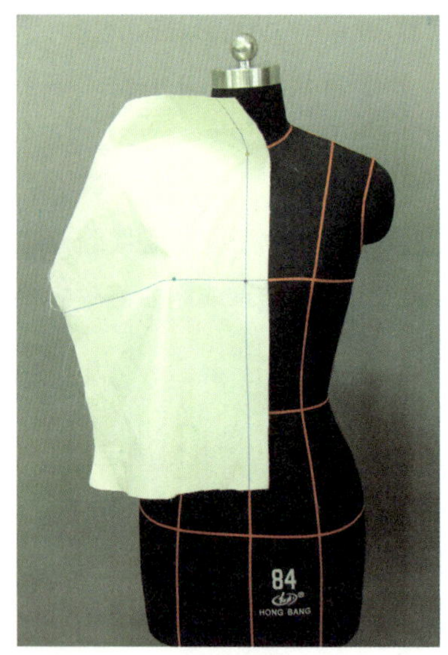

图2-23

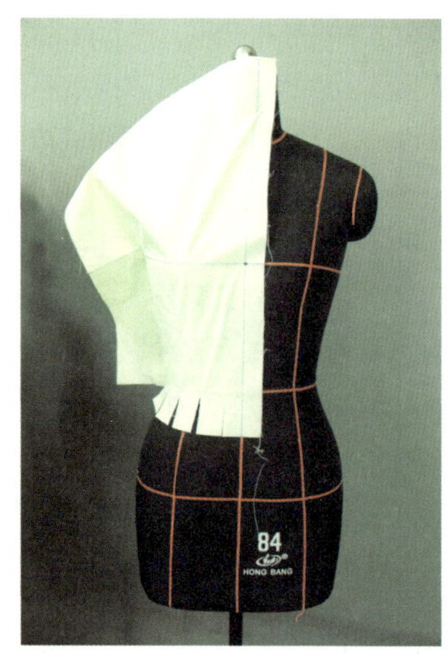

图2-24

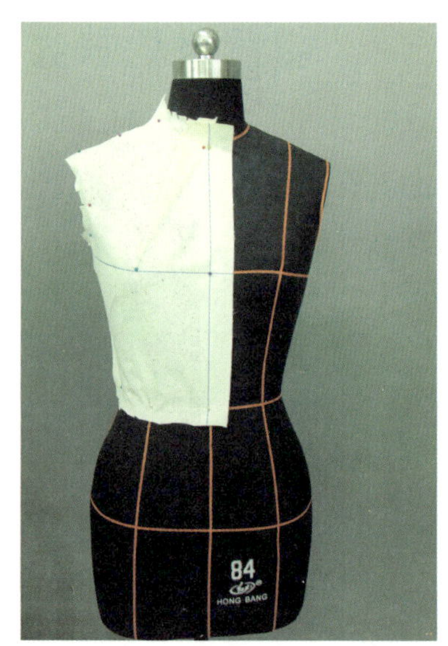

图2-25

图2-26

### 5. 前中心省

准备坯布：长度取肩顶前长+10 cm，宽度取胸围位于前中心线到侧缝线+10 cm的尺寸。在裁好的坯布一侧距边缘5 cm处绘制垂直线作为前中心线，取胸高点+5 cm的尺寸绘制水平线作为胸围线。具体操作如下。

（1）在胸围线以上的前中心线上及*BP*点处扎针，以固定坯布（见图2-27）。

（2）将胸部以上部分的横纱抚平，然后在前肩端点位置扎针固定。

（3）将袖窿底部的坯布抚平，然后在袖窿底点位置扎针固定。

（4）将坯布抚平，使所有的余量集中到腰围线上，然后在侧缝线和腰围线的交点处扎针固定（见图2-28）。

（5）可以根据需要在腰围线下方打剪口，使所有的余量转移至前中心部位。在腰围线和前中心线的交点处扎针固定（见图2-29）。

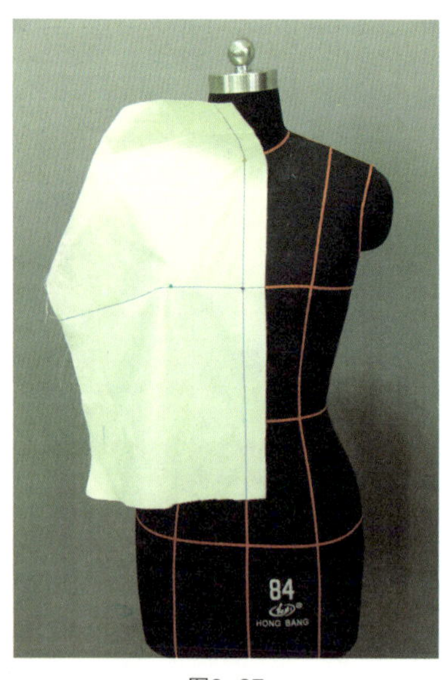

图2-27

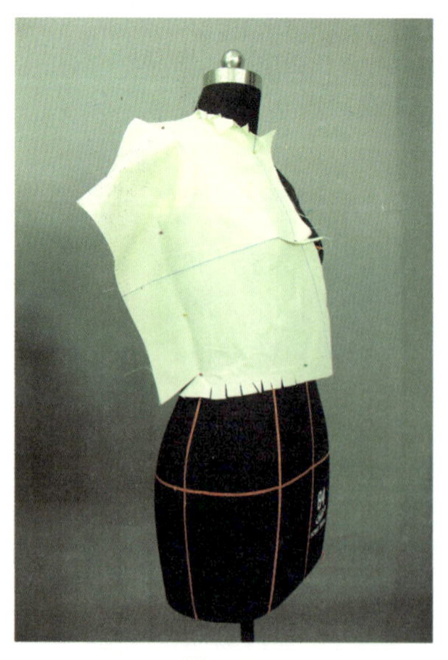
图2-28

图2-29

（6）在BP点到前中心线的水平线上形成一个省道，此时胸围线下方的前中心线纱向是斜向的；也可以反方向将余量转移到前中心线，此时胸围线上方的前中心线纱向是斜向的。前中心省可以在两胸高点之间调整服装的合体度。

（7）最终完成样板如图2-30所示。

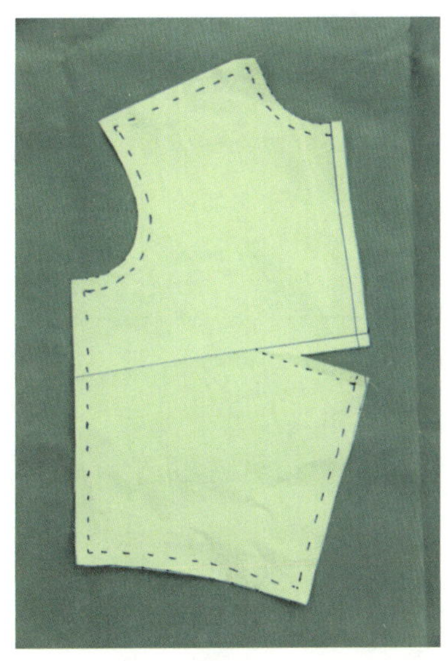
图2-30

### 6. 袖窿省

准备坯布：长度取肩顶前长+10 cm，宽度取胸围位于前中心线到侧缝线+10 cm的尺寸。在裁好的坯布一侧距边缘5 cm处绘制垂直线作为前中心线，取胸高点+5 cm的尺寸绘制水平线作为胸围线。具体操作如下。

（1）在前中心线位置和BP点处扎针固定坯布（见图2-31）。

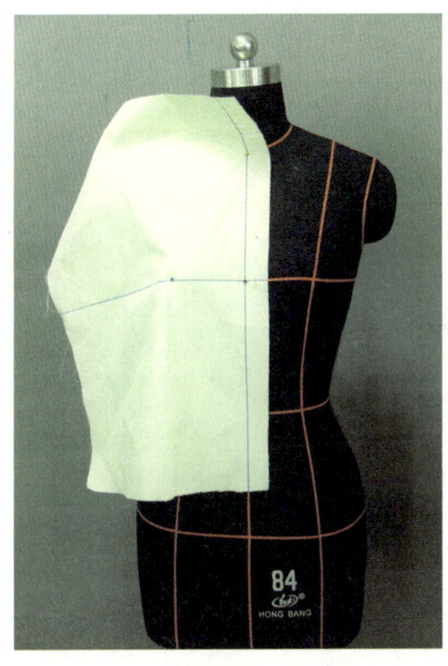
图2-31

（2）将胸部以上部分的横纱抚平，然后在前肩端点位置扎针固定。

（3）将上腹部的坯布抚平，然后在腰围线下方打剪口，使衣身平整；在侧缝线和腰围线下方打剪口，使衣身平整。在侧缝线和腰围线的交点位置扎针固定。

（4）将坯布向上抚平，使所有的余量集中到袖窿处，在袖窿底点位置扎针固定（见图2-32）。

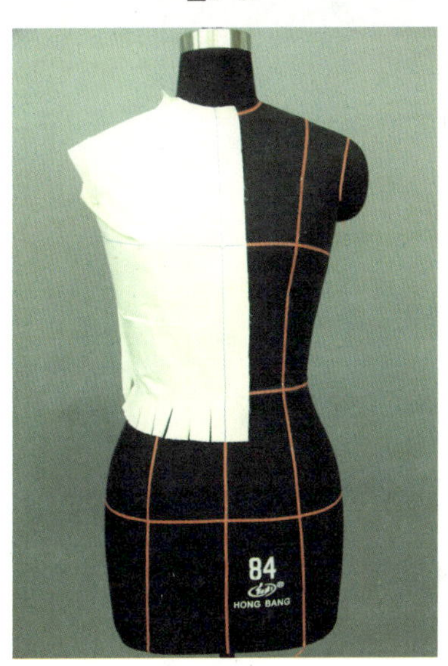
图2-32

（5）可以将省道置于袖窿弧线的任意位置并用大头针固定，最终完成样板如图2-33所示。

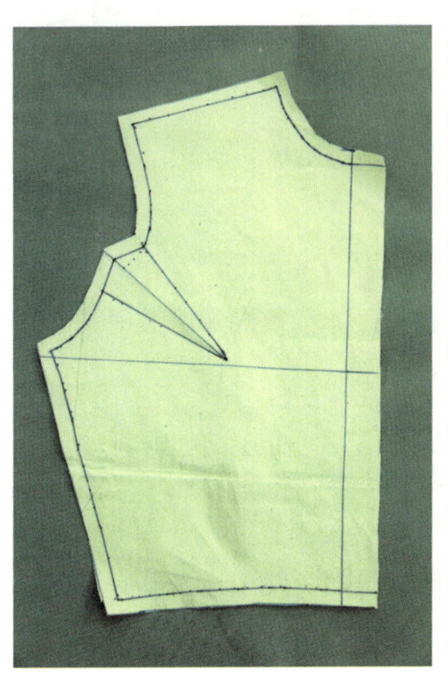
图2-33

## 二、省道缝制技巧

省道是指平面面料为了贴合三维人体而形成的服装结构线，是体现人体曲线美的关键。衣片的省道可以围绕BP点进行360° 转移。省道缝制时要求顺直、平服，有以下三种方法。

方法一：在车缝省道时，为了避免省尖出现起窝的现象，通常在省尖的位置保持0.5 cm的过渡距离，让省尖圆顺、自然地消失，如图2-34所示。

方法二：由于同一个省道的两根省边线位置会发生变化，省边线处的纱向会有所不同，如图2-35所示。在车缝时，接近斜纱的省边线放在上层，同时

（反面）
0.5 cm过渡
保持顺直
省尖

图2-34

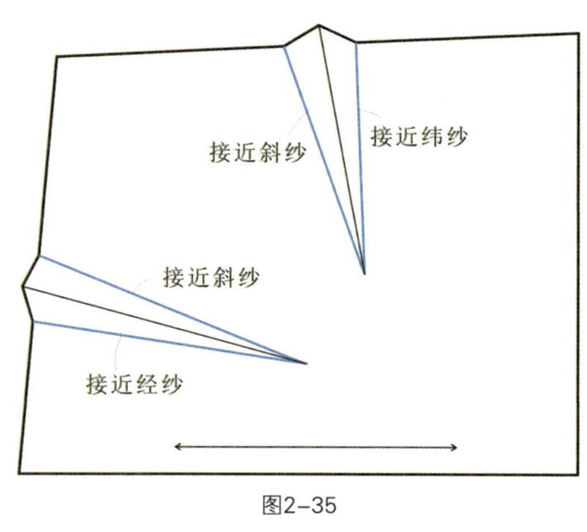

图2-35

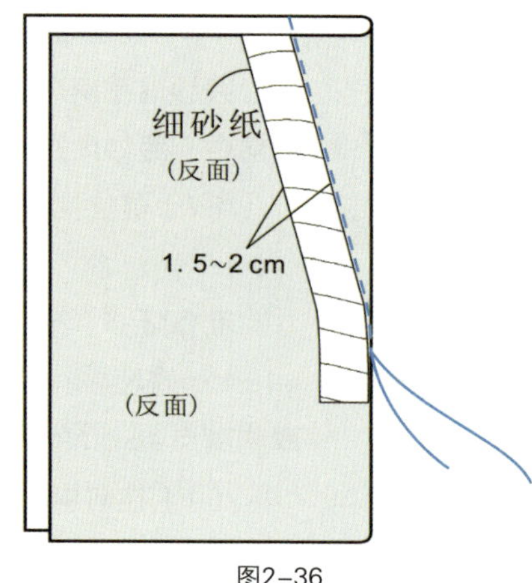

图2-36

用1.5～2 cm宽的细纱纸贴近省边线进行缉线（见图2-36）。此方法不但可以减小面料与压脚的摩擦力，而且可以保证上下送布均匀、线迹顺直，避免省道出现起连的现象。

方法三：

（1）省道往一边倒时，线头可用打结的方式处理（无夹里情况），或者用手缝针将线头固定到省道里（无夹里情况）。

（2）布料较厚、省量超过2.5 cm时，省道则要剪开后分烫，省类用手缝针引入线头固定（有夹里情况）。

（3）省道用一块垫布一起车缝，垫布的倒向与省道相反（有夹里情况），如图2-37所示。

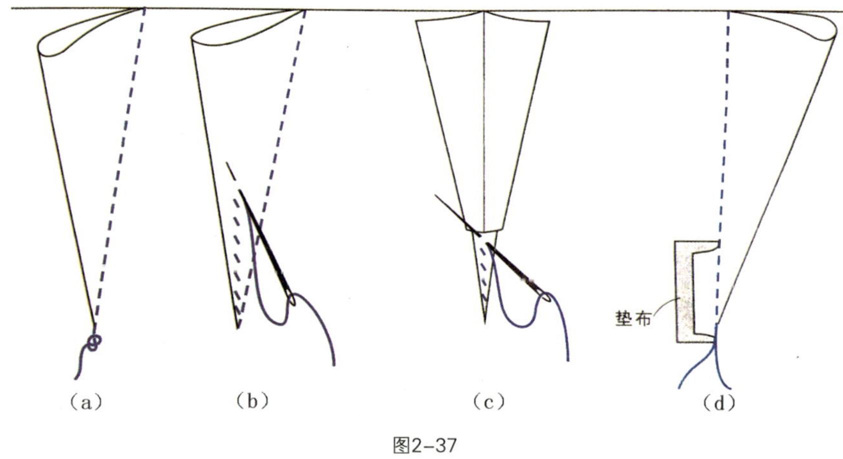

图2-37

## 第三节　褶皱设计

褶皱设计能丰富服装的细节，增加服装美感。立体裁剪缩褶服装时，可以通过用大头针固定标记胶带的方式，使褶量均匀地分配至所需的位置。

### 一、领口缩褶设计

#### 1. 款式分析

此款领口为缩褶式，衣身前片为一片，肩部、胸部、腰部合身，只在领部均匀缩碎褶，即将所有胸、腰省量转移至领部。此款衣身结构原理与领口收省相同，褶量左右分布均匀，褶纹朝向胸高点处，呈放射状。

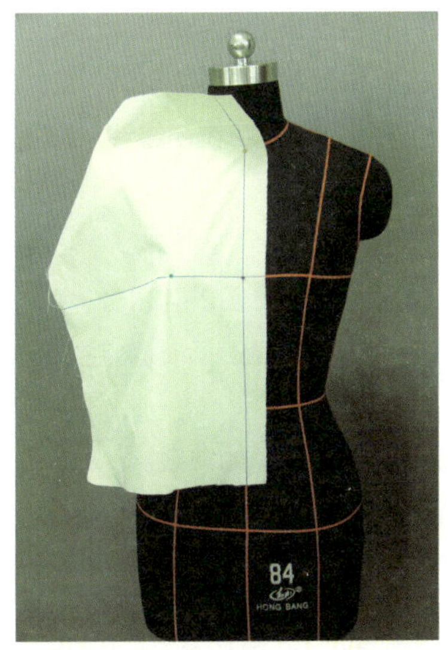

图2-38

**2. 准备坯布**

长度取肩顶前长+10 cm，宽度取胸围位于前中心线到侧缝线的尺寸+10 cm。在裁好的坯布一侧距边缘5 cm处绘制垂直线作为前中心线，取胸高点+5 cm的尺寸绘制水平线作为胸围线。

**3. 裁剪步骤**

（1）在前中心线和*BP*点处扎针，固定坯布（见图2-38）。

（2）将上腹部的坯布抚平，然后在腰围线下方打剪口，使衣身平整。在腰围线和侧缝线的交点位置扎针固定（见图2-39）。

（3）将坯布抚平，朝着肩部方向推移多余的量，在袖窿底点扎针固定。

（4）用手缝针沿领口缝一道线，将多余的省量抽成碎褶（见图2-40）。

**4. 校正**

（1）取下造型标记胶带。

（2）用曲线尺连接圆点标记，使所有的圆点形成一条平滑圆顺的曲线。

（3）最终完成样板如图2-41所示。

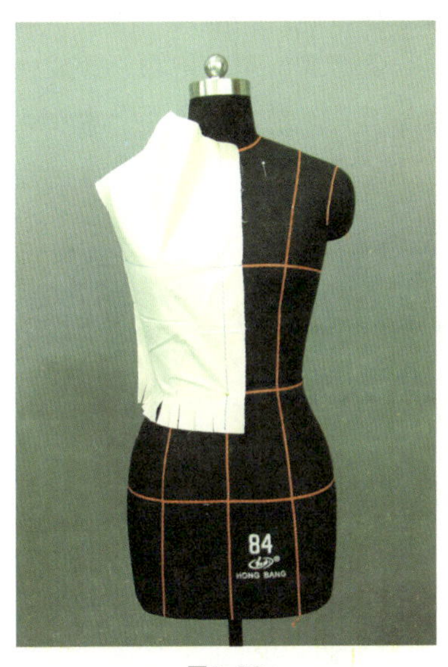

图2-39

## 二、前中心碎褶设计

**1. 款式分析**

此款为前中心碎褶设计，衣身前中破缝，肩部、袖窿、胸部、腰部合身，只在前中心位收褶，褶皱集中于前中胸围线处，褶纹朝向胸高点处，呈放射状。此款衣身结构原理与前中心收省相同，即将全部胸、腰省量转移至前中心胸位。

**2. 准备坯布**

长度取肩顶前长+15 cm，宽度取胸围位于前中心线到侧缝线+10 cm的尺寸。在裁好的坯布一侧距边缘5 cm处绘制垂直线作为前中心线，取胸高点+5 cm的尺寸绘制水平线作为胸围线。

**3. 裁剪步骤**

（1）在胸围线以上的前中心线上及*BP*点处扎针，以固定坯布（见图2-42）。

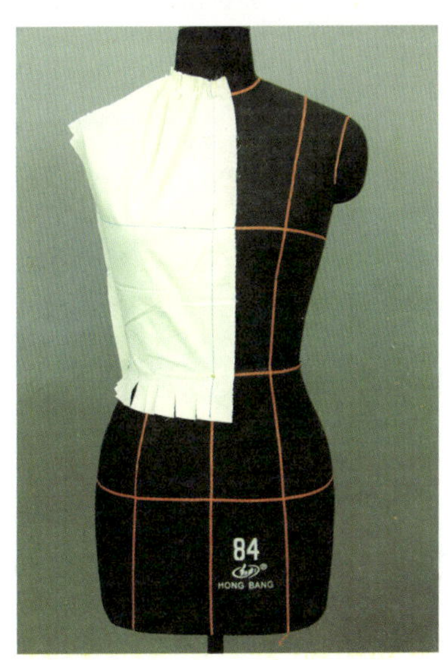

图2-40

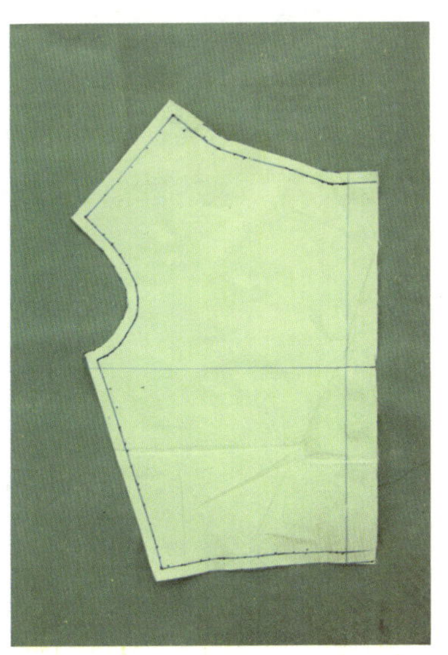
图2-41

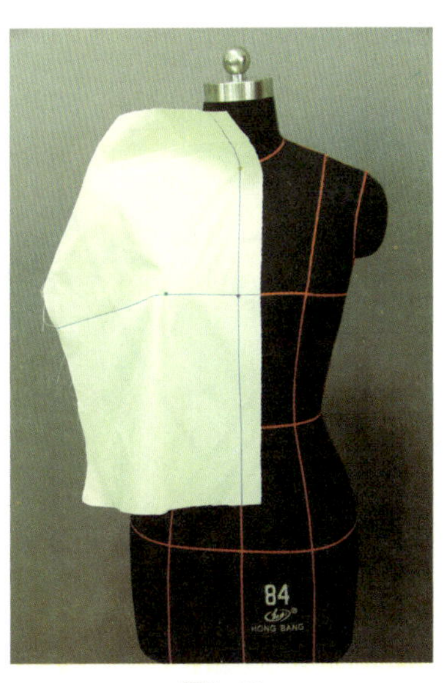

图2-42

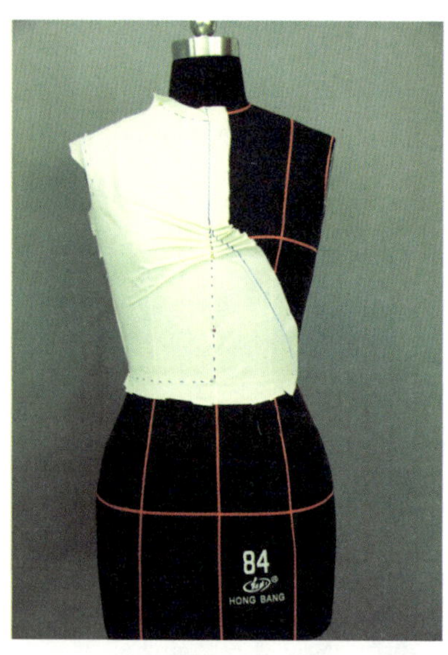

图2-43

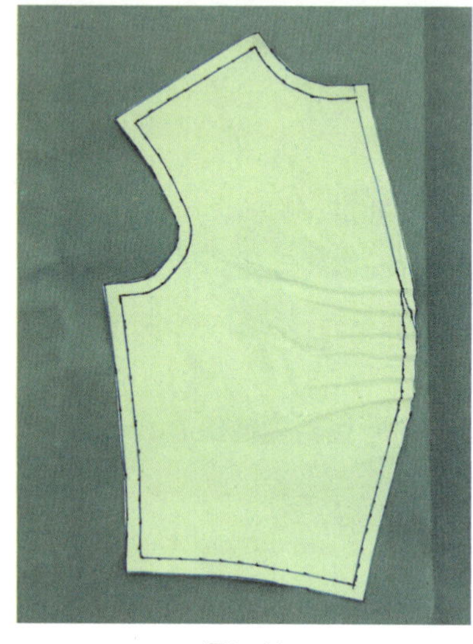

图2-44

（2）将胸部以上部分的横纱抚平，然后在前肩端点位置扎针固定。

（3）将袖窿底部的坯布抚平，然后在袖窿底点位置扎针固定。

（4）将坯布抚平，使所有的余量集中到腰围线上，然后在侧缝线和腰围线的交点处扎针固定。

（5）将所有余量推至胸围线位置。

（6）以胸围线为中心分别向上和向下捏出放射性褶（见图2-43）。

（7）标记前止口：用胶带按领部造型贴出前止口标记线，同时固定褶。

#### 4. 校正

（1）用曲线尺连接圆点标记，使圆点形成一条平滑圆顺的曲线。

（2）最终完成样板如图2-44所示。

## 三、不对称活褶设计

#### 1. 款式分析

此款缠裹式衣身由两片构成，右片叠压在左片上面，然后在一侧收褶缝合。缠裹式衣身可以制作得宽松飘逸，也可以合体紧身；可以把它设计成独立的衬衫外套，也可以下配短裙和便裤，在腰部系扎。前衣身的左、右衣片要尽可能相似或者能够简单地搭叠在一起（见图2-45）。在裁剪衣身上片时，要保证下片平整，可以借助省道使其合体。

#### 2. 准备坯布

左片（小片）长度取肩顶前长+20 cm，宽度取45 cm；右片（大片）取肩顶前长+20 cm，宽度取55 cm。将坯布的直纱一侧向内扣5 cm。

#### 3. 立体裁剪步骤

（1）左片：在人台上标记好领口位置，将内扣的一边按直纱方向斜置于左胸，捏好腰省。

（2）修剪肩部、袖窿等多余的量，如图2-46所示。左片最终完成样板如图2-47所示。

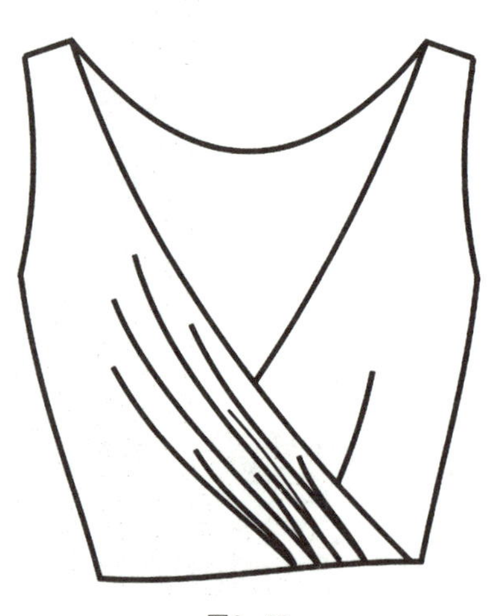

图2-45

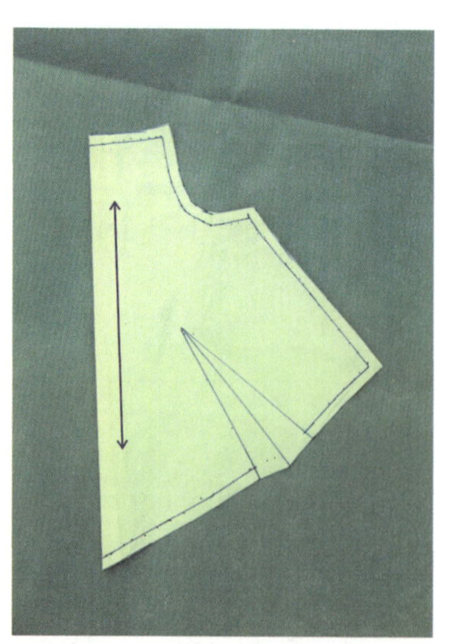

图2-46

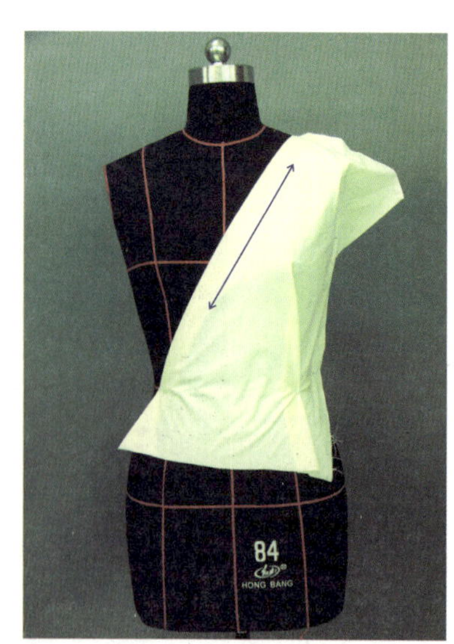



图2-47

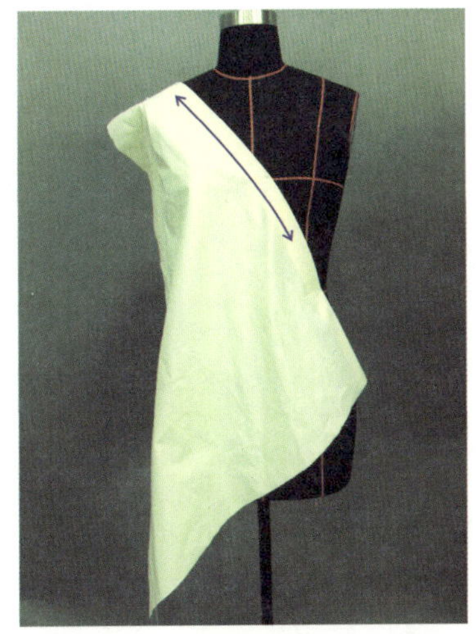
图2-48

（3）右片：根据人台上标记好的领口位置，将坯布内扣的一边按直纱方向斜置于右胸，在右肩和左腰用别针固定，如图2-48所示。

（4）根据款式需求在左腰位置捏褶，修剪肩部、袖窿等多余的量，如图2-49所示。

4. 校正

（1）修剪腰围线，如图2-50所示。

（2）在右片褶位打剪口标记。

（3）最终完成样板如图2-51所示。

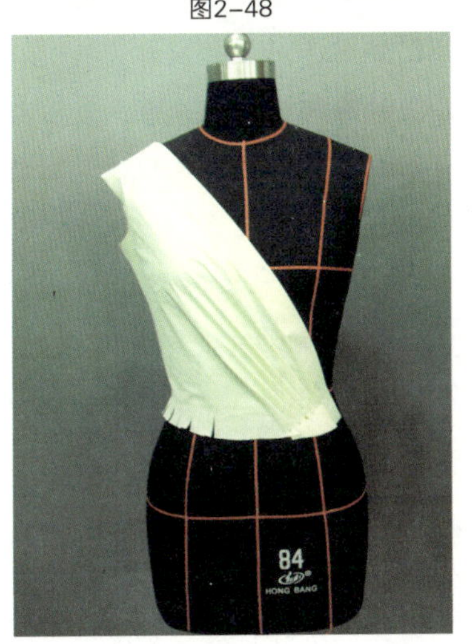

图2-49

图2-50

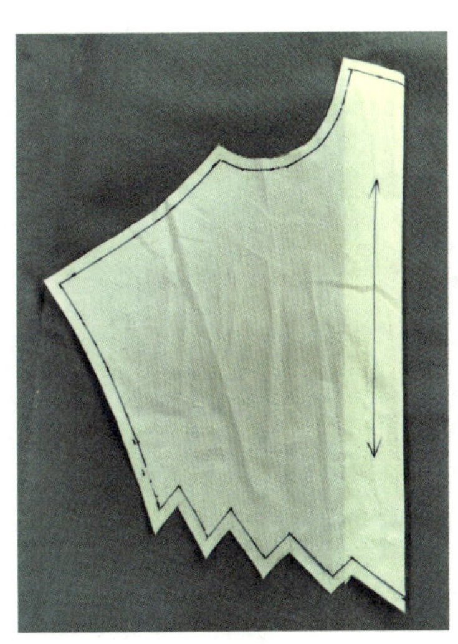
图2-51

## 本章小结

本章主要介绍了衣身原型立体裁剪、省道处理和褶皱设计在立体裁剪中的运用。衣身原型是构成各种服装造型的基本型，是服装样板设计的基础。

围绕胸部的变化而进行省道转移是服装款式设计的要点，其原理是通过省道转移，将省道设置在衣身的任意朝向胸高点的结构线上。褶皱设计的原理与省道转移相同，只是将省量转为褶量。要求褶皱位置合理、褶量分布均匀。

领省

## 思考与练习

1. 简述衣身的构成原理、衣身原型的立体裁剪操作方法和步骤。
2. 简述衣身省道转移的立体裁剪操作步骤，设计并制作2～3款不同省道的上衣。
3. 简述衣身褶皱设计的立体裁剪操作方法与步骤，设计并制作2～3款不同褶皱的上衣。

袖窿省

# 第三章

## 领子立体裁剪

◆本章导读

领子最靠近脸部，是构成服装的重要部件，对穿着对象的头部、脸部、脖颈等具有重要的衬托作用，其造型变化格外引人注目，常被视为服装设计的焦点。领子根据形态分为无领、立领、立翻领、平翻领和驳领五种基本类型。为了表现设计创意，基本领常与垂褶、褶裥、抽褶、波浪、分割线等组合成千变万化的造型。通过本章的学习，学生应掌握领子立体裁剪技法，并能结合流行元素和各种手法完成各式领子立体造型。

## 第一节　无领立体裁剪

### 一、无领设计与分类

无领又称领口领，是指只有领窝弧线没有领身的领子。无领设计除了要考虑对脸部、颈部、前胸、后背等部位线条进行修饰的审美因素外，还必须兼顾冷暖变化、穿脱方便等功能要素。常见无领有方领、圆领、V领、一字领等。无领造型充分展现了人体颈肩部的美感，多用于夏季和春秋季服装设计（见图3-1）。

图3-1

无领设计常见的问题是随着上体的运动，领口容易松弛上浮。产生这个问题的根本原因是浮余量的处理不够。因此，在立体裁剪过程中必须捏取足够的省量，以达到收紧领口的目的。

## 二、基础无领立体裁剪

### 1. 款式分析

本实例为常见贯头型无领，领窝形状为圆形，衣身浮余量通过腰省消除，着装效果如图3-2所示。

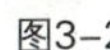

图3-2

### 2. 款式图及取样

（1）基础无领裁剪正背面款式如图3-3所示。

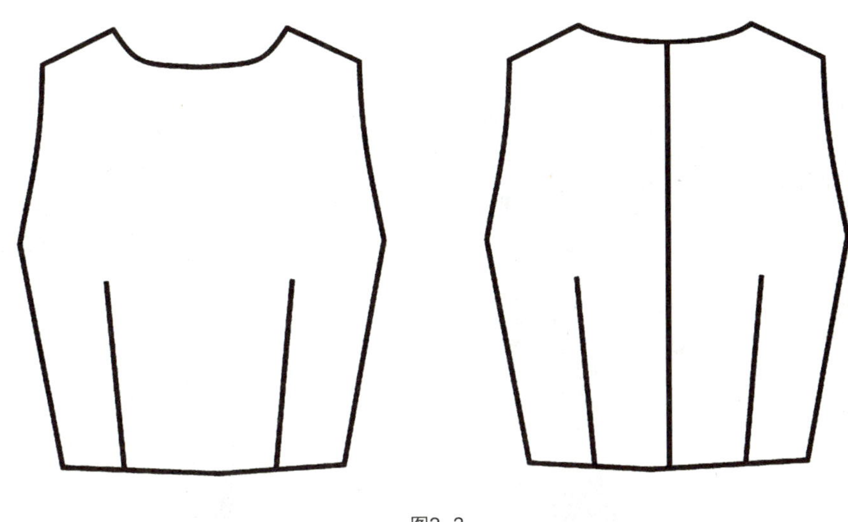

图3-3

（2）前片长50 cm，宽55 cm；后片长50 cm，宽30 cm，如图3-4所示。

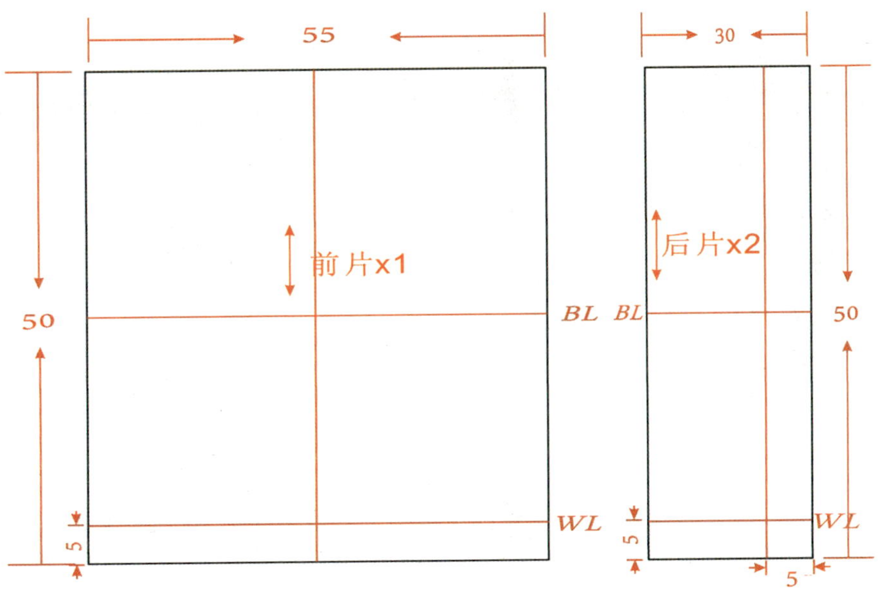


图3-4

### 3. 立体裁剪步骤

（1）前片。

①整理布纹，标记前后中心线、胸围线。

②将前片固定在人台上，对齐前中心线和胸围线，使前片合体地贴合于人台，如图3-5（a）所示。

③标记领口线，剪掉多余的布料，如图3-5（b）所示。

④为了使领口紧贴人体，采用逆时针手法将多余的松量经过肩部向袖窿转移，然后经侧缝转移至腰部，在腰部将多余量捏合，形成了一个较大的腰省，如图3-5（c）所示。

⑤值得注意的是，此时衣身静态造型美观，但是随着人体运动，如衣身松量不够容易形成拉伸现象。本例在胸部、腰部留取少部分余量，如图3-5（d）所示。

⑥点影标记外轮廓线及内部结构线，如图3-5（e）所示。

（2）后片。

①将后片固定在人台上，对齐后中心线和横向背宽线，使右后片合体地贴合于人台，如图3-5（f）所示。

② 标记领口线，剪掉多余的布料。

③为了使领口紧贴人体，采用顺时针手法将多余的松量经过肩部向袖窿转移，然后经侧缝转移至腰部，在腰部将多余量捏合，形成了一个较大的腰省。本例在背部、腰部留取少部分余量，如图3-5（g）（h）所示。

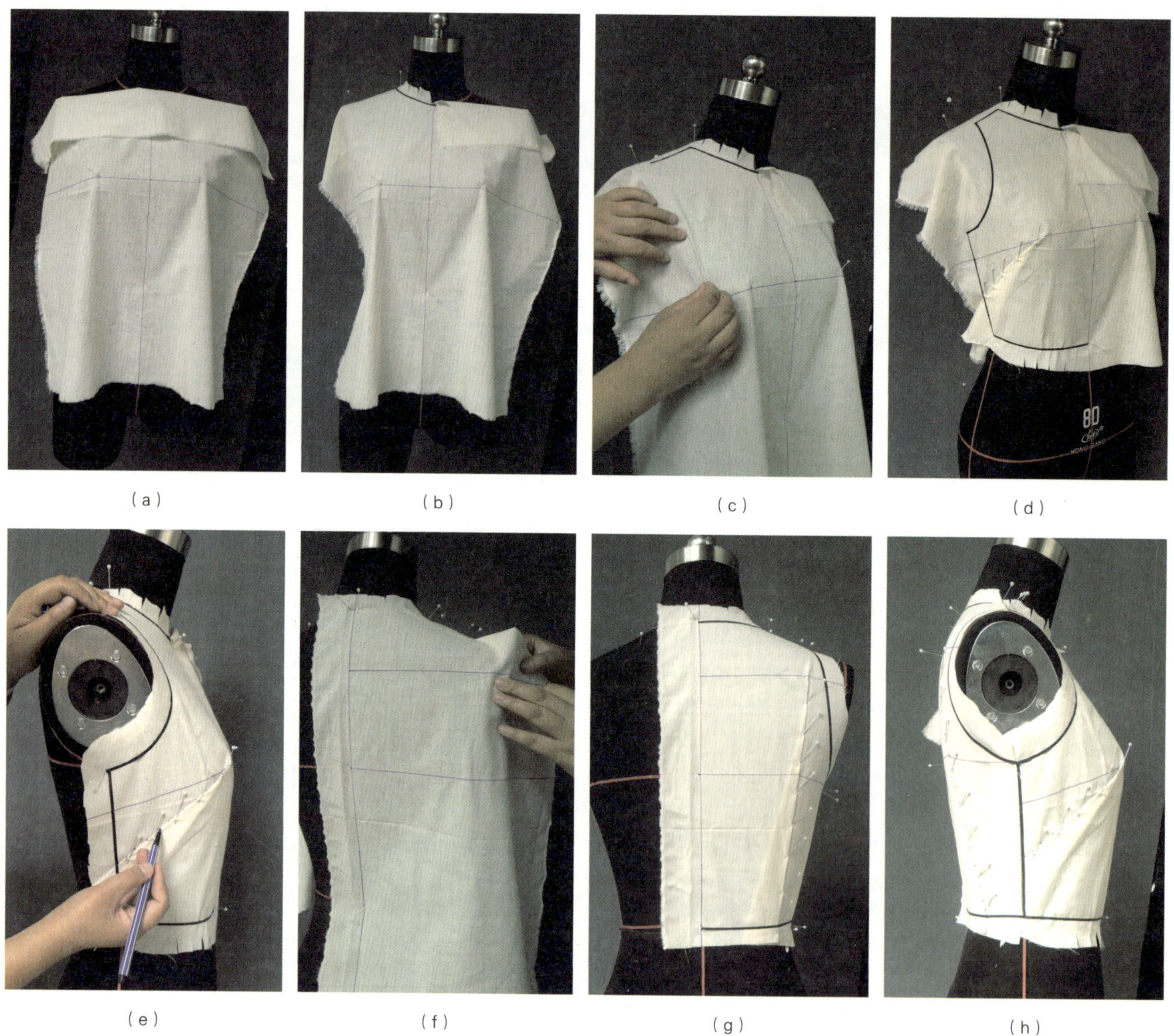

（a） （b） （c） （d）

（e） （f） （g） （h）

图3-5

④点影标记外轮廓线及内部结构线。

（3）样板。

①将衣片展平，连接前后衣片各点影。有些点影不一定在连接线上，这就需要设计者熟知主要结构线的方向，使最终衣片结构线经过点影附近。

②由点影连接的样板还需要进一步检验修正，包括各吻合部位尺寸是否相等或相近，前后领窝弧线、前后袖窿弧线等是否连接顺滑等，如图3–6所示。

③留出缝份，将多余布料剪掉。最终样板如图3–7所示。

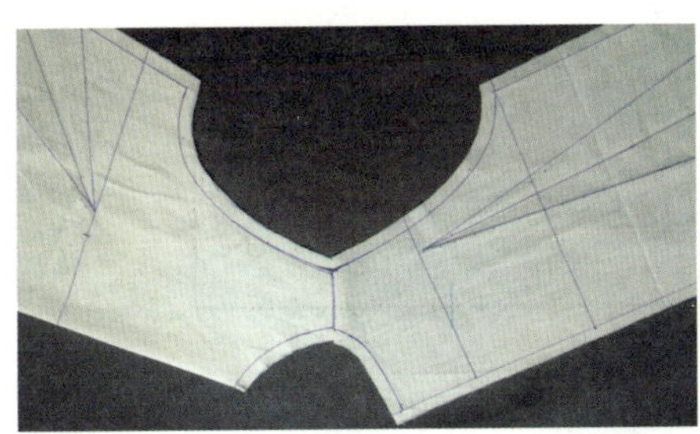
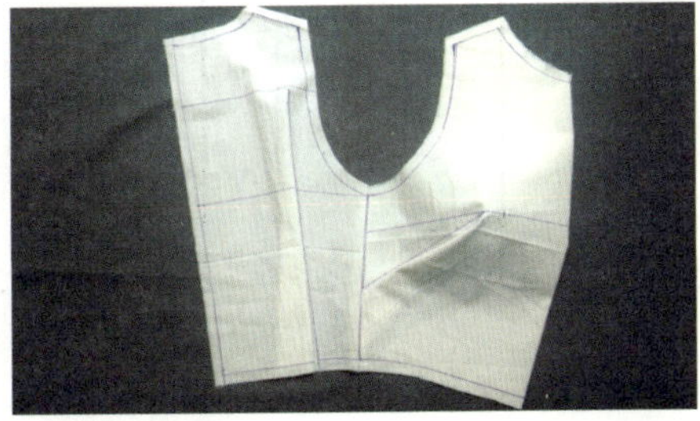

图3–6

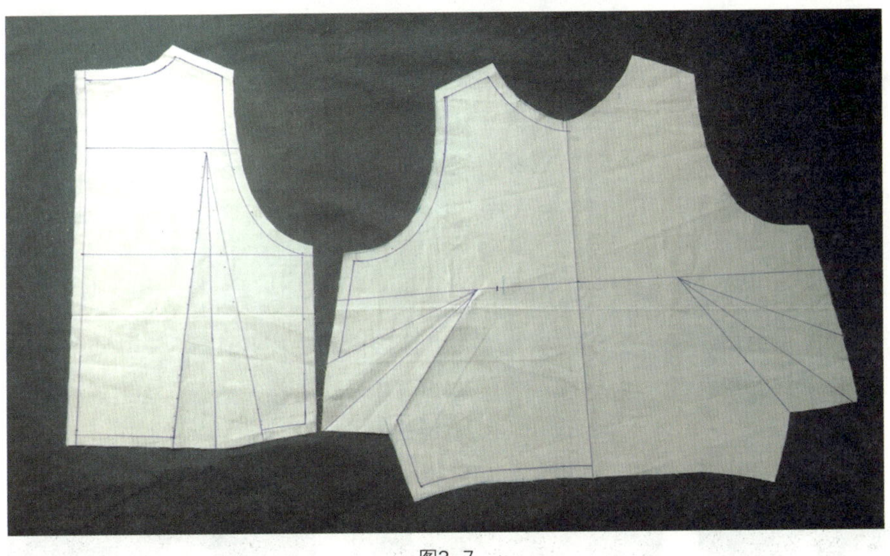

图3–7

### 4. 总结

无领立体裁剪本质上是解决衣身结构平衡的问题，操作时应注意捏取足够的省量。样板校验过后，最好将裁片假缝试穿，检查各部位是否合适，必要时调整样板。

## 三、垂褶领立体裁剪

无领款式在日常着装中使用非常普遍，尤其体现在春夏服装。除了领窝形状变化，如方形、圆形、V形、船形、一字形等外，领窝的开深程度也从常规领窝附近向腰臀部位大胆延伸。从造型手法来看，无领结构常常与抽褶、褶裥、省道、分割线、垂褶等组合。

其他无领款式中以垂褶领最具代表性。

### 1. 款式分析

本例为常见垂褶领，领窝侧面比颈侧点略抬高，领口大小约与头围相等，衣身浮余量通过垂褶消除，着装效果如图3–8所示。

### 2. 款式图及取样

（1）垂褶领裁剪正背面款式如图3–9所示。

（2）取样：前、后片长60 cm，宽60 cm，如图3–10所示。

图3–8

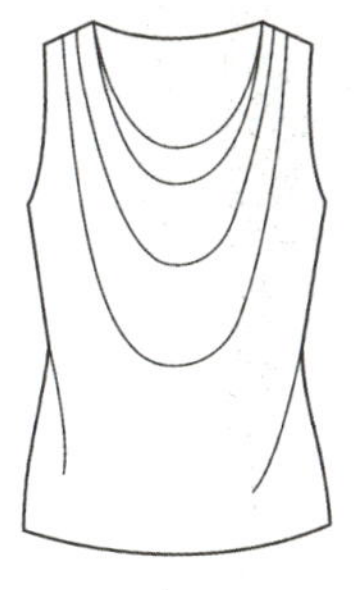
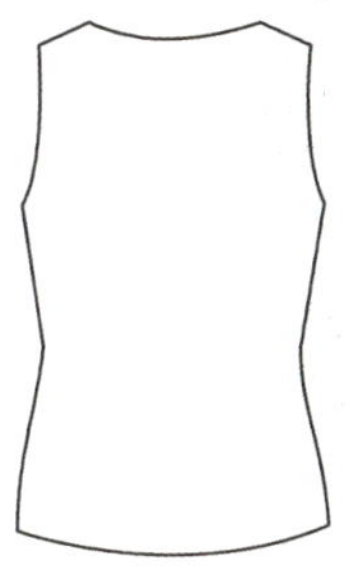

图3–9

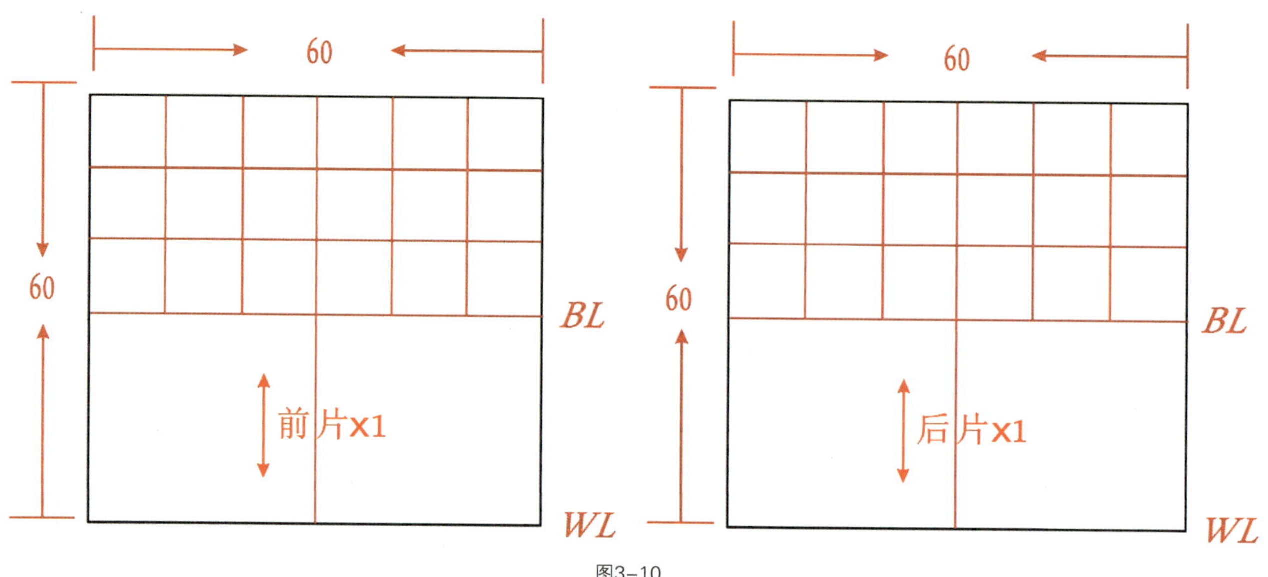


图3-10

3．立体裁剪步骤

（1）前片。

①整理布纹，标记前后中心线、胸围线。在本例中绘制等分参考线，方便左右两片对齐。

②以左右颈侧点为起点，将前片左右两端固定在人台上，注意对齐前中心线，领口大小与款式图接近。

③从最靠右边颈侧点的部位开始，一手调节肩部垂褶量，一手调节前中垂褶量，直至垂褶量与款式图接近后，用大头针固定右边肩部松量，将左边对应部位用针固定，如图3-11（a）（b）（c）所示。

④标记肩斜线，剪掉多余的布料。

⑤将面料胸围线与衣身胸围线对齐或者平行，在胸围线与侧缝线交点处固定，处理胸围线以下的衣身部分。

⑥点影标记外轮廓线及内部结构线。

（2）后片。后片立体裁剪基本操作与前片相同，与前片别合后的效果如图3-11（d）所示。

（3）样板。

①将衣片展平，连接前后衣片各点影。有些点影不一定在连接线上，这就需要设计者熟知主要结构线的方向，使最终衣片结构线经过点影附近。

（a）

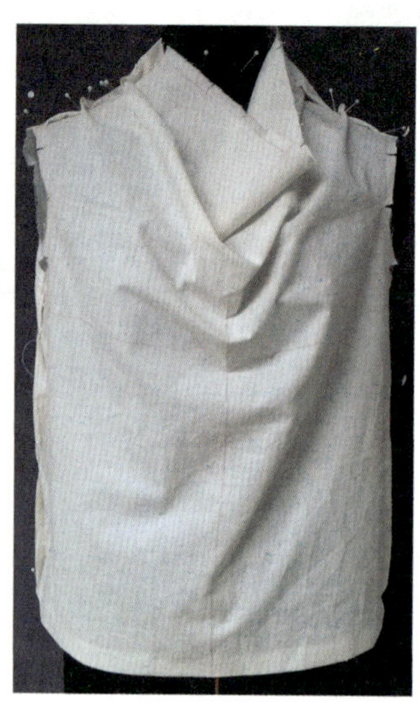
（b）

（c）

（d）

图3-11

②由点影连接的样板还需要进一步检验修正，包括各吻合部位尺寸是否相等或相近，前后领窝弧线、前后袖窿弧线、前后肩斜是否连接顺滑。本例为垂褶领，前、后片肩斜线应该呈现内凹趋势。

③留出缝份，将多余布料剪掉。最终样板如图3-12所示。

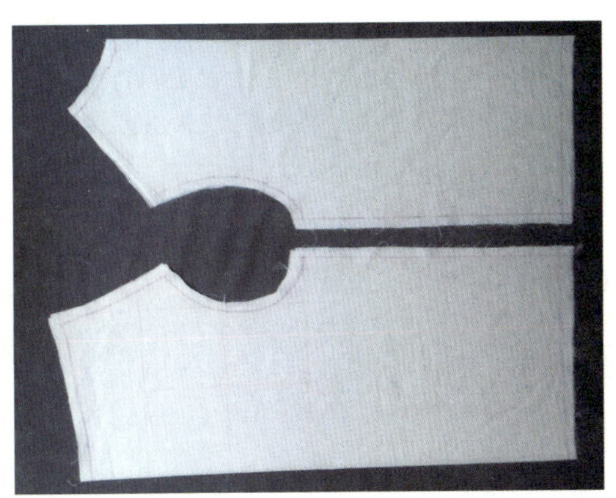

图3-12

### 4. 总结

垂褶领操作的技巧是从靠近中心的位置开始，这一点适用于任何需要制作垂褶的部位，包括袖山、衣身、裤腰等部位。垂褶量的大小需要多次目测调整。为方便左右对称检查，建议按本例所示绘制等分参考线。

## 第二节 立领立体裁剪

### 一、立领设计与分类

立领又称竖领，是指衣领竖立在领窝上且没有翻领的领型。立领设计除考虑无领设计的功能与审美因素外，还需要注意颈部和肩部的形态，防止由于领子设计不合理而造成颈部活动受阻或者受到压迫等问题。常见立领有普通立领、卷筒领、蝴蝶结领、褶边领等，多用于军装、旗袍、制服以及我国大部分少数民族服装，被西方国家认为是极具东方风情的领型，也叫中华立领（见图3-13）。

图3-13

影响立领外观造型的因素包括领子下口线的形态、立领宽度、领子上口线的长度、领子与颈部的贴合程度四个方面。其中，立领上、下口线的长度差异是决定领子外观造型的重要因素。

## 二、基础立领立体裁剪

### 1. 款式分析

本例为常见旗袍立领，领窝下口线接近原型领窝，立领宽度取3 cm，领身贴体，衣身浮余量通过肩省消除，着装效果如图3-14所示。

图3-14

### 2. 款式图及取样

（1）旗袍立领裁剪正背面款式如图3-15所示。

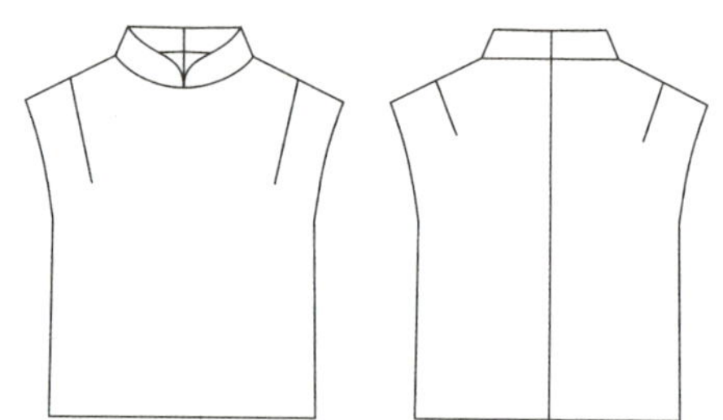
图3-15

（2）取样：前片长50 cm，宽55 cm；后片长50 cm，宽30 cm；领片长30 cm，宽10 cm（见图3-16）。

### 3. 立体裁剪步骤

说明：本例重点介绍领子立体裁剪方法，因此关于衣身裁剪部分不再详细叙述。

（1）前片。前片衣身采用肩省解决衣身平衡问题，为满足人体运动舒适，本例在胸部、腰部和袖窿部位留取少部分余量，如图3-17（a）所示。

（2）后片。后片浮余量通过肩省消除，并在背部留取少部分余量，如图3-17（b）所示。

（3）立领。

①在前后衣身领窝部位标记领窝。

②整理布纹，标记后中心线。

③将立领后中线与衣身后中线对齐。

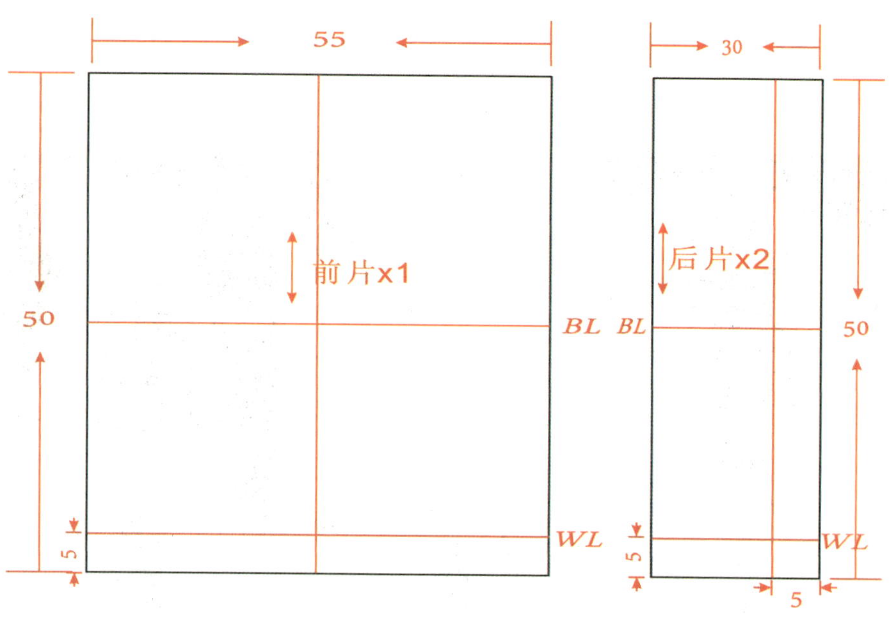


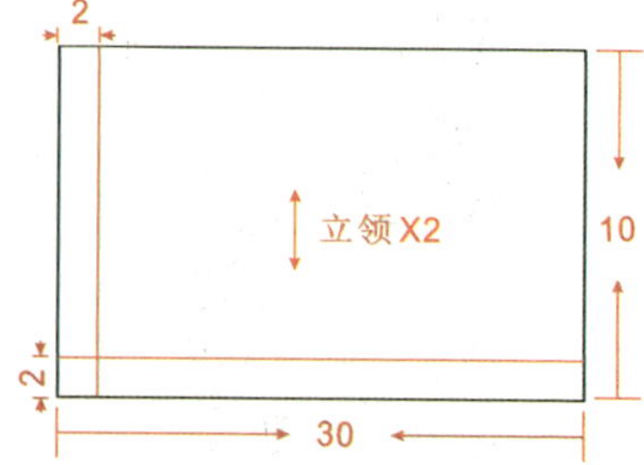


图3-16

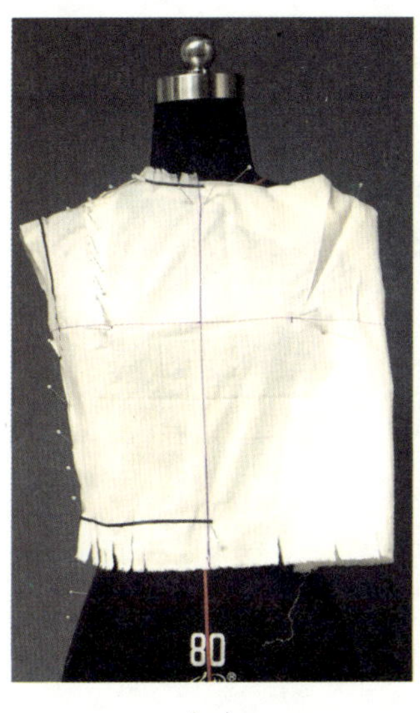


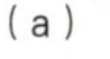
(a)

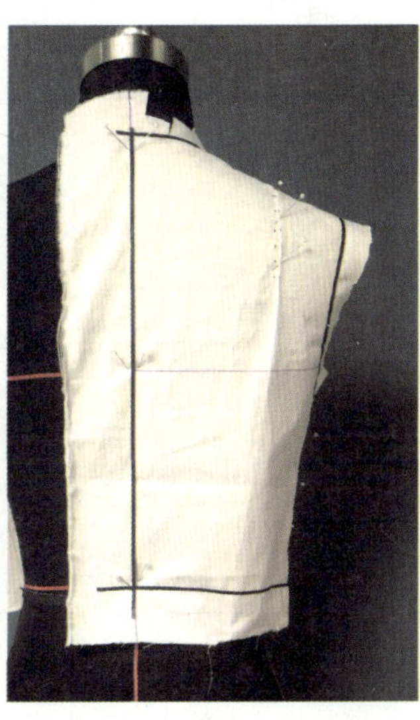

(b)

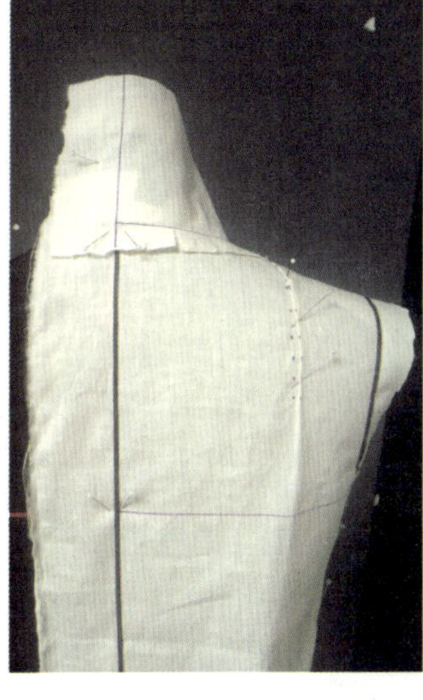
(c)

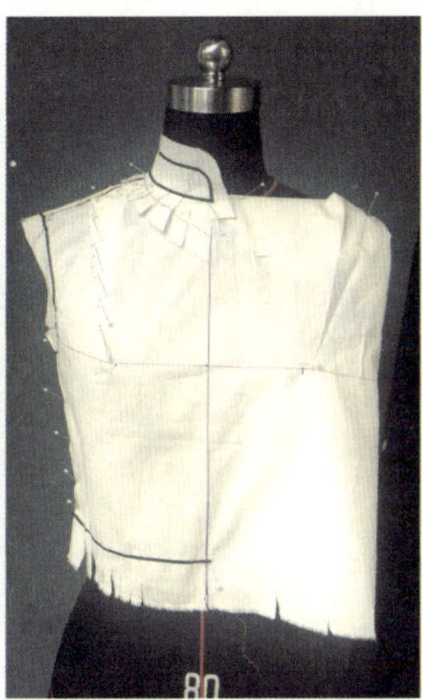
(d)

图3-17

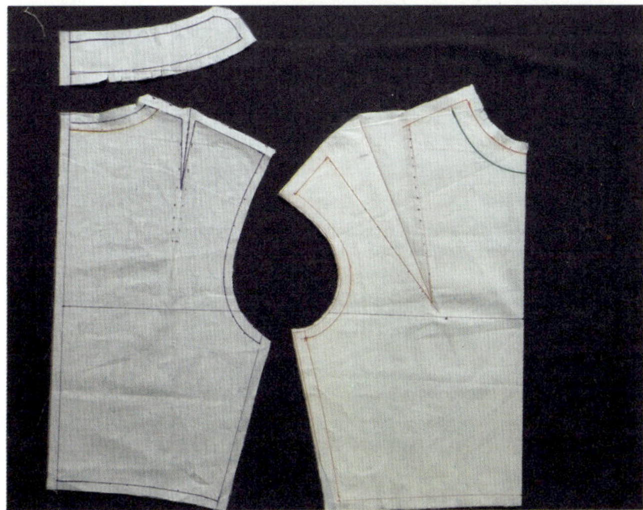

图3-18

④从后中心开始，沿领窝弧线绕向前止口。领子是否服帖取决于领子下口线的起翘程度，因此需要多次变换领子下口线的拼合形态，找出合适的贴合度。将领下口部位不平整的地方打小剪口，使领身平服，如图3-17（c）所示。

⑤标记领下口线、上口线，如图3-17（d）所示。

（4）样板。

①将衣片展平，连接衣片各点影。

②检验并修正样板。

③留出缝份，将多余布料剪掉，最终样板如图3-18所示。

**4. 总结**

立领立体裁剪时需要着重解决一个问题，即领子与颈部的贴合程度。控制领子与颈部的空隙需要调整领子下口线的起翘程度或者衣身领口开深。例如，将*BNP*点（后颈点）附近领子向后倾斜，可以抬高此处衣身领窝的开深；将*FNP*点（前颈点）附近领子向前倾斜，需要增大领子下口线的起翘量。

## 三、连身立领立体裁剪

立领是最传统的领子样式，在各式服装中有广泛应用。除了领窝线的变化外，领身是主要的设计区域。从造型手法来看，立领结构常常与抽褶、褶裥、折叠、波浪、缀饰、分割、蝴蝶结等组合，并与衣身相连。

变化立领以连身立领最为常见，要注意避免领身不平服的问题。

**1. 款式分析**

本例为常见连身立领，立领高度接近下巴，领子不贴颈部且领侧倾角接近人体脖颈曲线，衣身浮余量通过领口省消除，着装如图3-19所示。

**2. 款式图及取样**

（1）连身立领裁剪正背面款式如图3-20所示。

（2）取样：前、后片长100 cm，宽50 cm，如图3-21所示。

图3-19

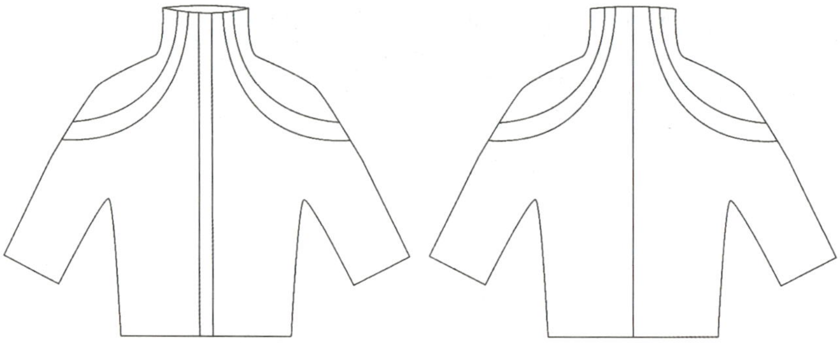

图3-20

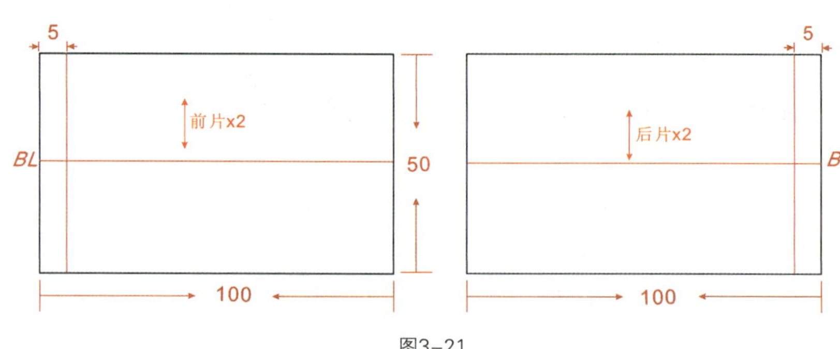

图3-21

**3. 立体裁剪步骤**

（1）前片。

①整理布纹，标记前后中心线、胸围线。

②对齐前中线、胸围线，在胸宽附近预留松量，然后将前衣身浮余量采用对准*BP*点的领口省消除，如图3-22（a）所示。

③将手臂抬至45°，调整前片，使之舒展地覆盖于肩膀和手臂；将前片沿着肩斜线和腕山线将前片别合于肩部和手臂，剪掉多余的布料，如图3-22（b）（c）所示。

④点影标记外轮廓线及内部结构线。

（2）后片。

①后片立体裁剪操作与前片相同，与前片别合后效果如图3-22（d）所示。

②将前后片领口松量各通过一个领口省消除，使领身平整地覆盖人台。

（3）袖子。

①根据衣身和袖子大小粗裁袖子，然后用针别合袖下缝及衣身侧缝，如图3-22（e）所示。

②标记领上口线、袖口线，将多余布料剪掉，如图3-22（f）所示。

③将领口和下摆折光，如图3-22（g）所示。

（4）样板。

①把衣片展平，连接前后衣片各点影。有些点影不一定在连接线上，这就需要设计者熟知主要结构线的方向，使最终衣片结构线经过点影附近。

②由点影连接的样板还需要进一步检验修正，包括前后领上口线是否连接顺滑，前后袖外侧缝、前后袖内侧缝等部位尺寸是否相等或相近。本例为连身立领，如果遇到领身不平整的情况，可以采用归拔工艺。

③留出缝份，将多余布料剪掉，最终样板如图3-23所示。

**4. 总结**

连身立领裁剪的要点是将衣身浮余量通过领口省消除，同时将立领与衣身连接为一体，关键在于省的处理，靠近领上口线处省量较小，靠近人体颈根部位省量较大，向衣身延伸部分逐渐收敛于省尖。需要注意的是，收省结束后要检查衣身是否平整、领口是否预留足够松量，以满足脖颈的正常活动。

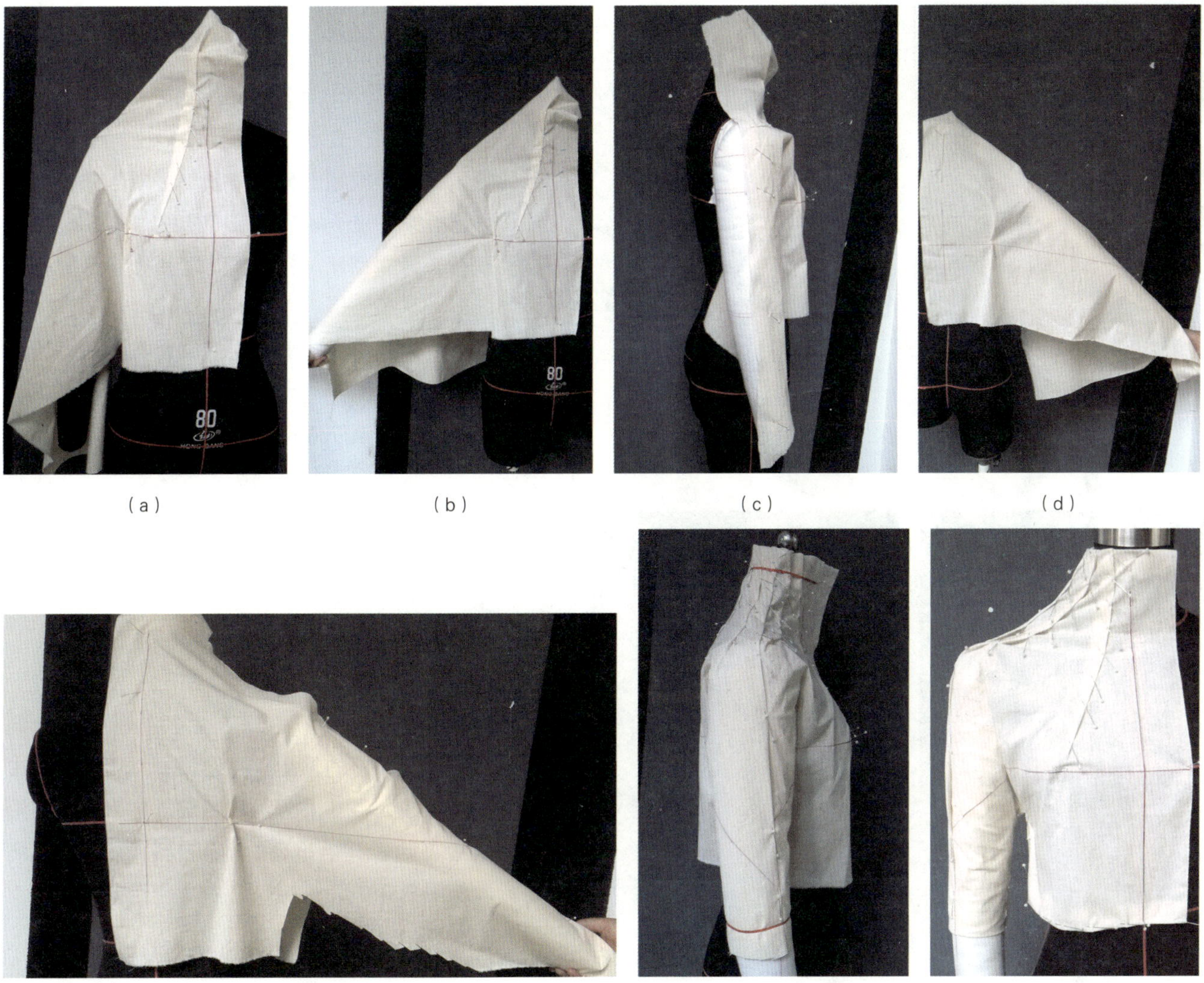

(a) (b) (c) (d)

(e) (f) (g)

图3-22

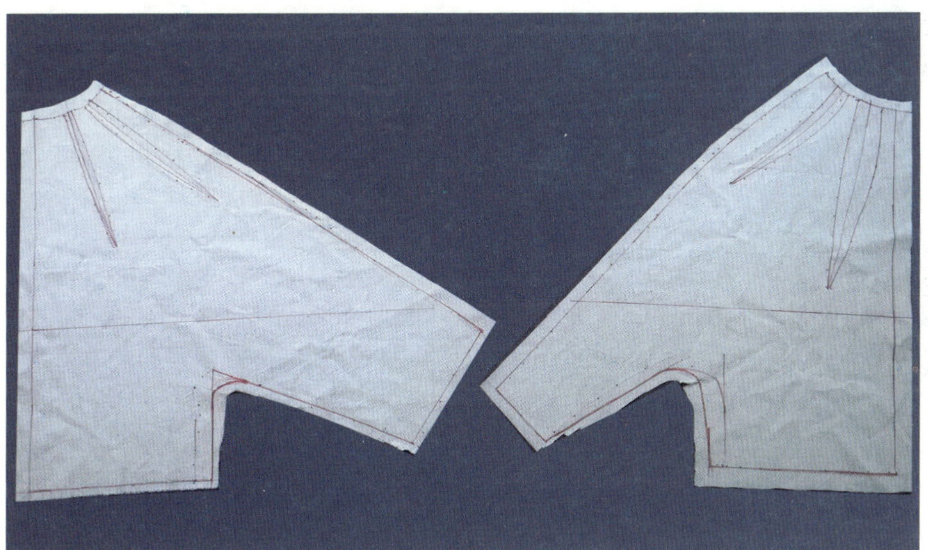

图3-23

图3-24

# 第三节　立翻领立体裁剪

## 一、立翻领设计与分类

立翻领是指在立领（领座）基础上加出翻领部分的领型，领子底领部分沿着颈部竖立起来，在中部沿着翻折线将领子翻折下来（见图3-24）。常见立翻领有普通立翻领、衬衫领、两用领、带领座的衬衫领以及燕子领等。立翻领被广泛应用于不同季节的服饰中，其中多为夏季服装，最具代表性的是衬衫领。

立翻领与立领外表形态接近，按照领座与翻领是否由同一块布组成分为两类：一类是领座与翻领分开样式，常见于男式衬衫；另一类是领座和翻领由同一块布组成，常见于女式衬衫。

## 二、基本立翻领立体裁剪

### 1. 款式分析

本例为常见立翻领，是在立领基础上加上翻领，变成带有领座的领型。立翻领的立领和翻领由同一块布组成，领底部分沿着颈部立起来，中部沿着翻折线将翻领翻折下来，着装效果如图3-25所示。本例主要示范领子操作，衣身借用前面基础立领中的衣身。

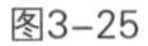

图3-25

图3-26

### 2. 款式图及取样

（1）立翻领裁剪正背面款式如图3-26所示。

（2）取样：领片长30 cm，宽30 cm，如图3-27所示。

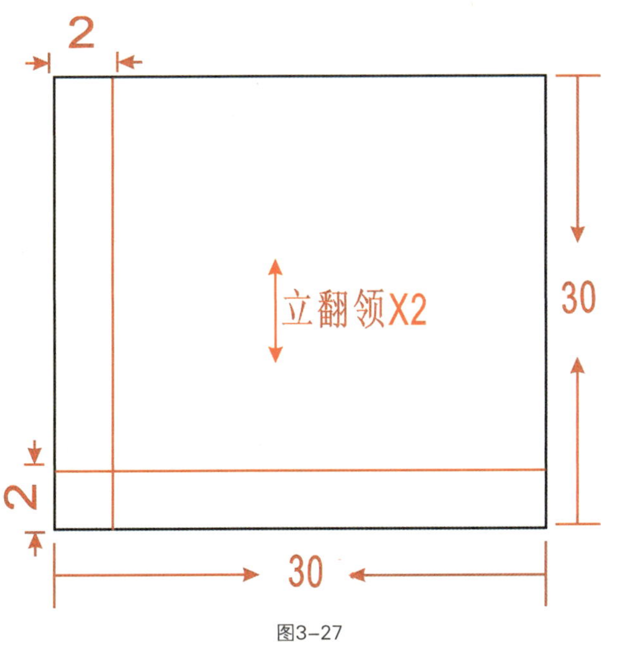


图3-27

### 3. 立体裁剪步骤

本例重点介绍领子立体裁剪方法，因此关于衣身部分不再详细叙述。

（1）立翻领。

①在前后衣身标记领窝。

②整理布纹，标记后中心线。

③将立翻领后中心线与衣身后中心线对齐。

④从后中心线开始，沿领窝弧线绕向前止口。领子是否服帖取决于领子下口线的起翘程度，因此需要多次变换领下口线的拼合形态，找出合适的贴合度，如图3-28（a）所示。将领下口部位不平整的地方打小剪口，使领身平服。

⑤标记领下口线，如图3-28（b）所示。

⑥将领子沿中部翻折过来，按照款式图标记领外轮廓线，如图3-28（c）所示。

⑦点影标记翻折线，如图3-28（d）所示。

（2）样板。

①把衣片展平，连接衣片各点影。

②检验并修正样板。

③留出缝份，将多余布料剪掉，最终样板如图3-29所示。

### 4. 总结

立翻领的倒伏量与后中心领座高度密切相关，倒伏量越大，领座宽越小。领座越低，领下口线弯曲弧度越大；领座越高，领下口线形状更趋向直线。因此在立体裁剪操

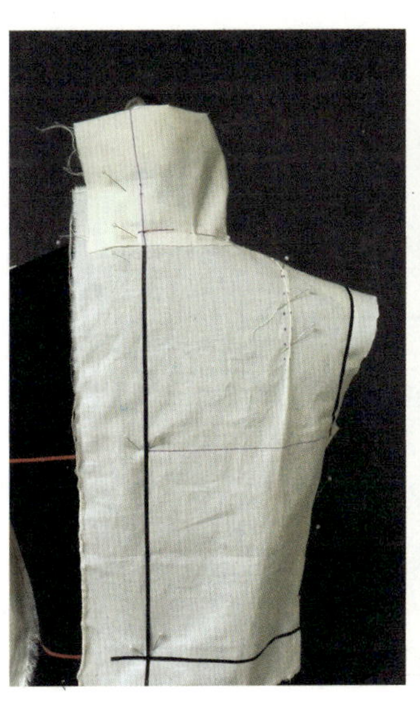
（a）

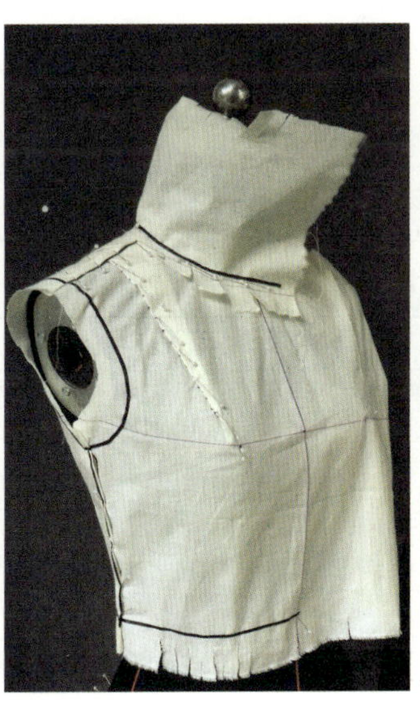
（b）

（c）

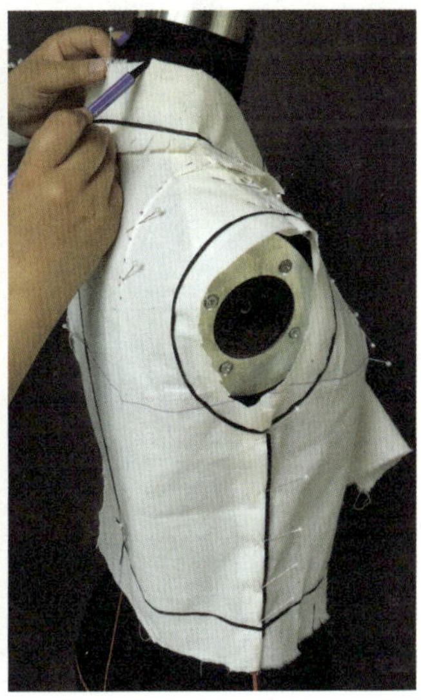
（d）

图3-28

图3-29

图3-30

作中，应提前根据款式设计中领座的高度估计领下口线的走势，粗裁立翻领，可以简化领子立体裁剪操作。

## 三、领座与翻领分开样式立体裁剪

前面介绍了领座和翻领用同一块布组成的样式，本例介绍另外一类典型样式，即领座与翻领分开样式。

### 1. 款式分析

本例为常见带领座的衬衫领，是在立领基础上加上翻领，变成带有领座的立翻领。此衬衫领的立领和翻领由两块布组成，领底与翻领缝合在一起，着装效果如图3-30所示。本例主要示范领子操作，衣身借用前面基础立领中的衣身。

### 2. 款式图及取样

（1）带领座的衬衫领正背面款式如图3-31所示。

（2）取样：立领长30 cm，宽10 cm；翻领长30 cm，宽15 cm，如图3-32所示。

图3-31

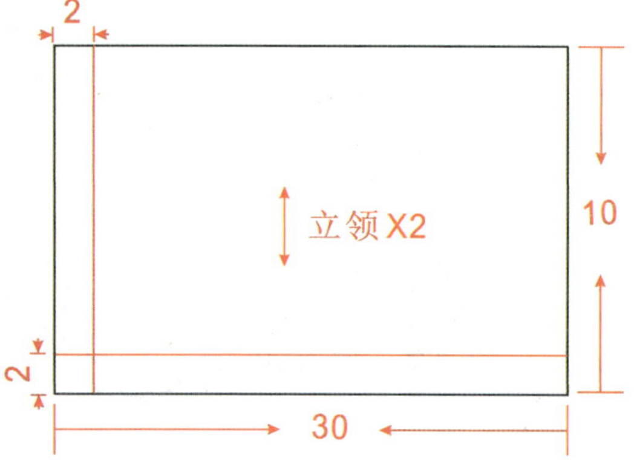



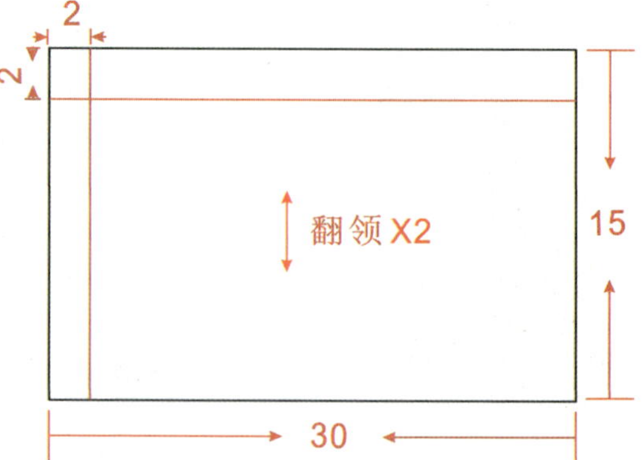



图3-32

### 3. 立体裁剪步骤

本例重点介绍领子立体裁剪方法，因此关于衣身部分不再详细叙述。

（1）立领。立领裁剪操作同基础立领，如图3-33（a）所示。

（2）翻领。

①整理布纹，标记后中心线。

②将翻领后中线与立领后中心线对齐，注意翻领后中心最下端除去1 cm缝份外，应比立领下口线长出至少1 cm，如图3-33（b）所示。翻领在这个方向摆放的时候，其与立领的缝合线将向上弯翘，所以应该尽量在翻领后中心上面预留足够宽度。

③以立领上口线为缝合线，如图3-33（c）所示，从后中心开始，沿立领上口弧线绕向前止口。翻领是否服帖取决于缝合线的起翘程度，因此需要多次变换缝合线的拼合形态，找出合适的贴合度。将翻领缝合线以及外轮廓线部位不平整的地方打小剪口，使领身平服。

④按照款式图标记领外轮廓线，如图3-33（d）所示。

（3）样板。

①将衣片展平，连接衣片各点影。

②检验并修正样板。

③留出缝份，将多余布料剪掉，最终样板如图3-34所示。

### 4. 总结

带领座的立翻领的倒伏量与翻领外轮廓线高度密切相关，倒伏量越大，领外轮廓线越长，翻领倒伏量大于立领上翘量。领子越贴合脖颈，立领上翘量越大，反之越小。翻领越大，翻领倒伏量就越大。因此在立体裁剪操作中，提前根据款式设计中立领与翻领形状的走势粗裁立翻领，可以简化领子立体裁剪操作。

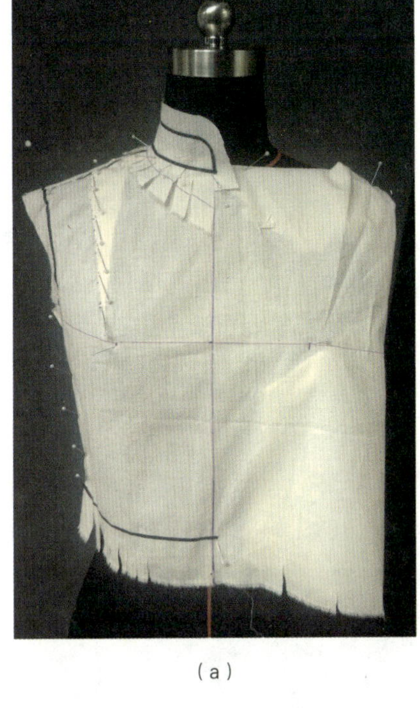

（a）

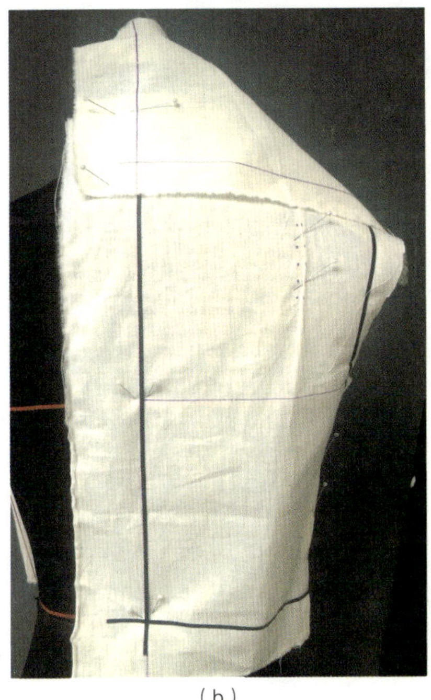

（b）

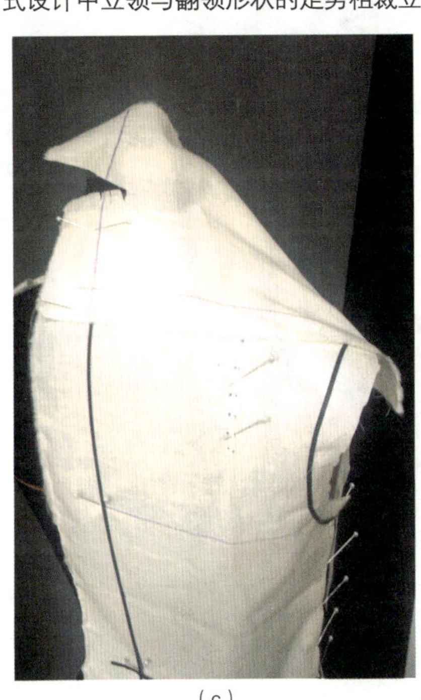

（c）

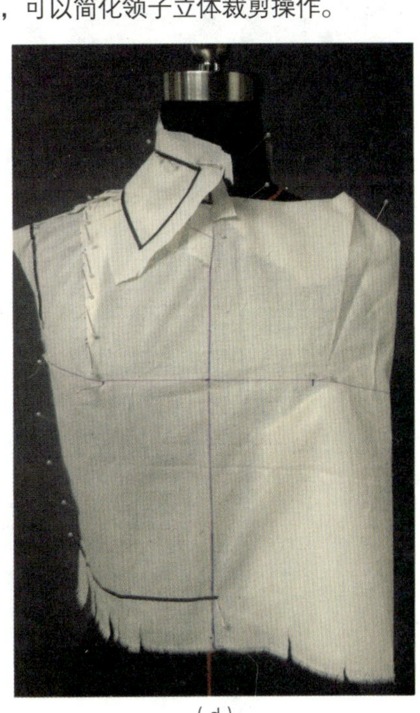

（d）

图3-33

图3-34

# 第四节　平翻领立体裁剪

## 一、平翻领设计与分类

平翻领是指底领量很少、衣领平铺在肩部的领型。常见平翻领有普通平翻领、海军领、披肩领、风帽、荷叶领、波浪领等。平翻领被广泛应用于不同季节的服饰，其中在童装、女装设计中应用较多（见图3-35）。

## 二、基本平翻领立体裁剪

### 1. 款式分析

本例为常见平翻领，是指底领量几乎可以忽略不计的平翻领，此时翻领平铺在肩膀上，着装效果如图3-36所示。本例主要示范领子操作，衣身借用前面基础无领中的衣身。

### 2. 款式图及取样

（1）平翻领裁剪正背面款式如图3-37所示。

（2）取样：领片长30 cm，宽30 cm，如图3-38所示。

图3-35

图3-36

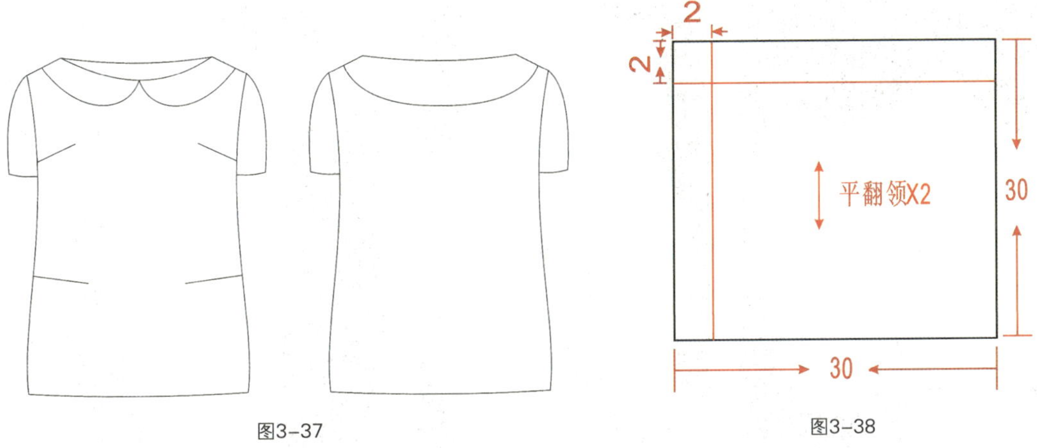


图3-37　　图3-38

### 3. 立体裁剪步骤

本例重点介绍领子立体裁剪方法，因此关于衣身部分不再详细叙述。

（1）平翻领。

①在前后衣身标记领窝。

②整理布纹，标记后中心线，如图3-39（a）所示。

③将平翻领后中心线与衣身后中心线对齐。

④从后中心开始，沿领窝弧线绕向前止口，将装领线不平整的地方打小剪口使领身平服。此时得到的是平翻领的粗裁样片，如图3-39（b）（c）所示。

⑤点影标记参考翻折线，如图3-39（d）所示。

⑥将领子沿参考翻折线翻折过来，按照款式图调整领子外观，如图3-39（e）所示。

⑦将领子装领线部位别合于衣身领窝，如图3-39（f）所示。

⑧标记领子外轮廓线，如图3-39（g）（h）所示。

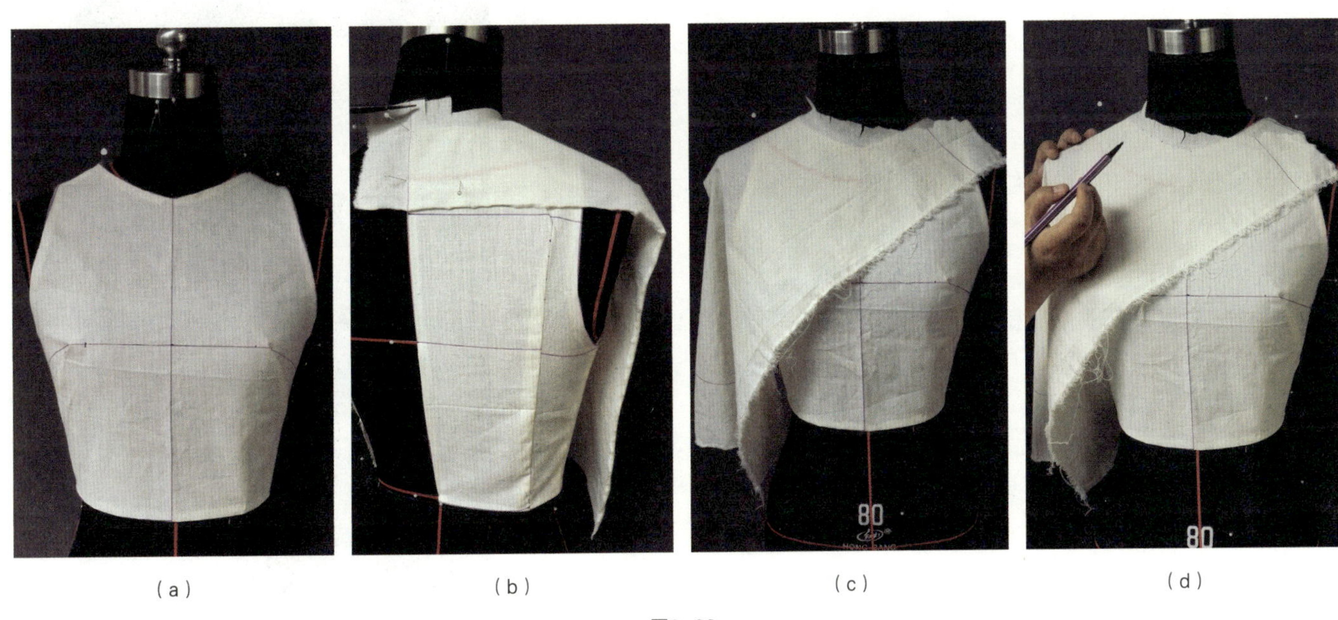


（a）　（b）　（c）　（d）

图3-39

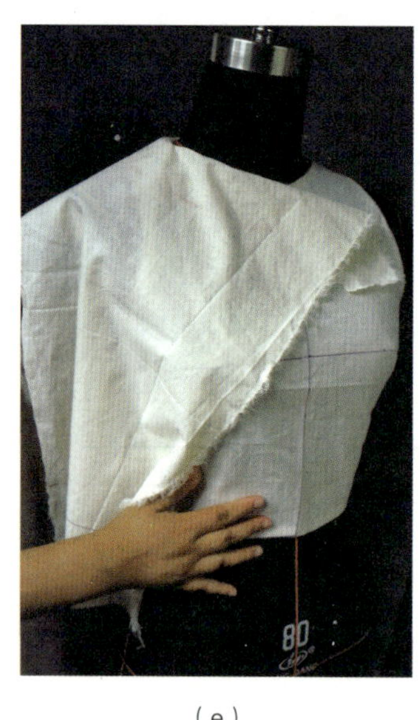

(e)

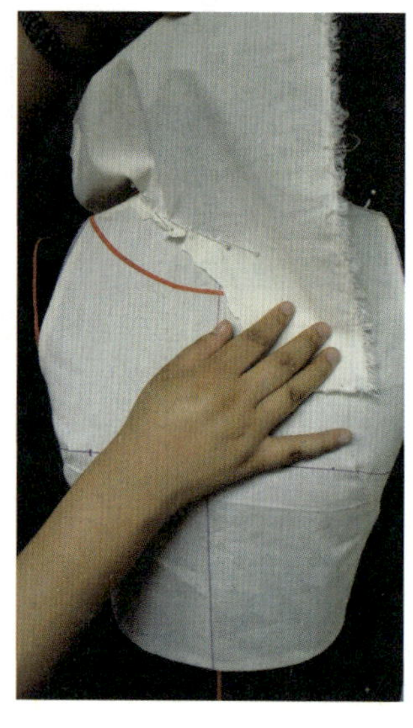
(f)

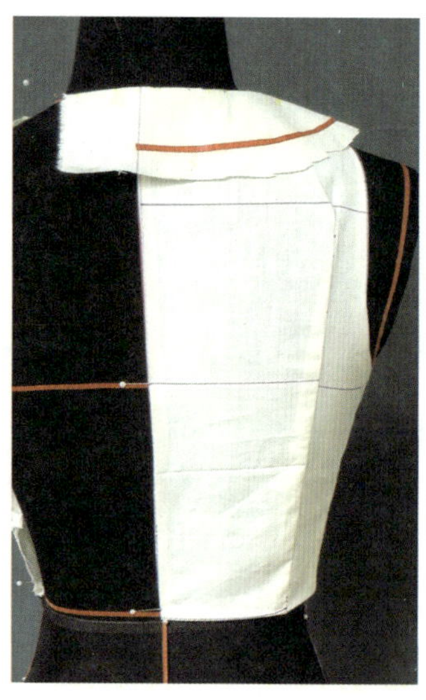
(g)

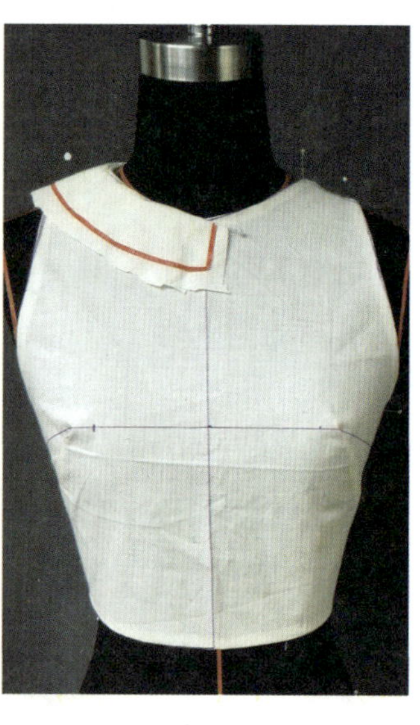
(h)

图3-39（续）

（2）样板。

①将衣片展平，连接衣片各点影。

②检验并修正样板。

③留出缝份，将多余布料剪掉，最终样板如图3-40所示。

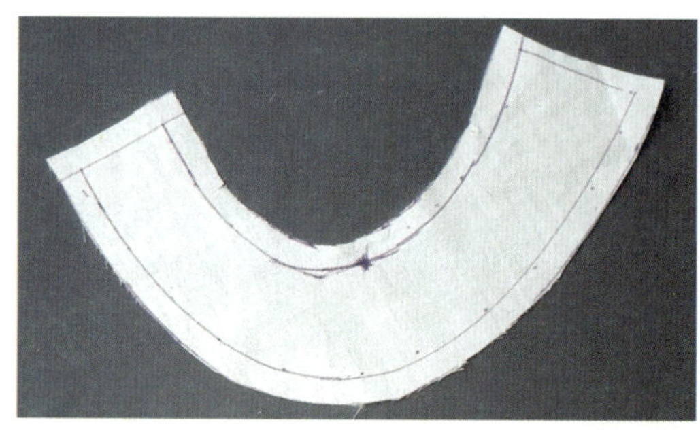
图3-40

### 4. 总结

与立翻领类似，平翻领的倒伏量与后中心领座高度密切相关，倒伏量越大，领座宽度越小。由于平翻领领座高度很小，为简化立体裁剪操作，可以将衣身展平，前后片肩颈点重合，调整前后衣身肩头重叠量，粗裁平翻领。前后肩点重叠尺寸越大，底领就越高。

## 三、波浪领立体裁剪

基础平翻领结构常常与抽褶、褶裥、折叠、波浪、缀饰等组合成变化领型，其中最具代表性的是波浪领。立体裁剪中的波浪处理手法比较浪费面料。本例介绍一种简单、直观、与平面制版相结合的立体裁剪方法。

### 1. 款式分析

本例为常见波浪领，是在平翻领基础上追加领子外口线长度得到的，着装效果如图3-41所示。本例主要示范领子操作，衣身借用前面基础无领中的衣身。

图3-41

### 2. 款式图及取样

（1）波浪领裁剪正背面款式如图3-42所示。

（2）取样：领片长30 cm，宽30 cm，如图3-43所示。

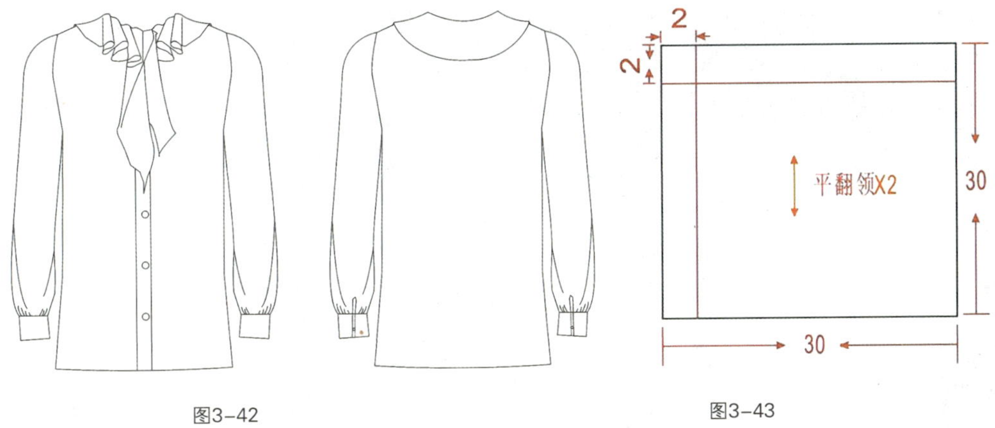


图3-42　　图3-43

**3. 立体裁剪步骤**

本例重点介绍领子立体裁剪方法，因此关于衣身部分不再详细叙述。

（1）波浪领。

①按照波浪领外轮廓形状裁剪基本平翻领，如图3-44（a）所示。

②留出缝份，剪除余量，得到基本平翻领样板，如图3-44（b）所示。

③将平翻领样板用描线轮复制在牛皮纸上备用，如图3-44（c）所示。

④按照款式图以肩颈点为界限，领子纸样前后各等分为四份，从领外轮廓线沿等分线剪开，如图3-44（d）所示。

⑤将领子纸样装领线别合在领窝，领子下口线在各等分线处自然展开。将波浪量别合于等分线两侧，观察波浪大小，调整至与款式相符，如图3-44（e）所示。

⑥将领子纸样摊平，量取领子外口线处波浪追加量，如图3-44（f）所示。

⑦将单个波浪追加量加放至每个等分线处。本例中单个波浪量为5 cm，其中两等分就展成如图3-44（g）所示样板，右侧波浪领一共使用4个裁片。

⑧将领子装领线与领窝别合，领身形成自然波浪，如图3-44（h）所示。

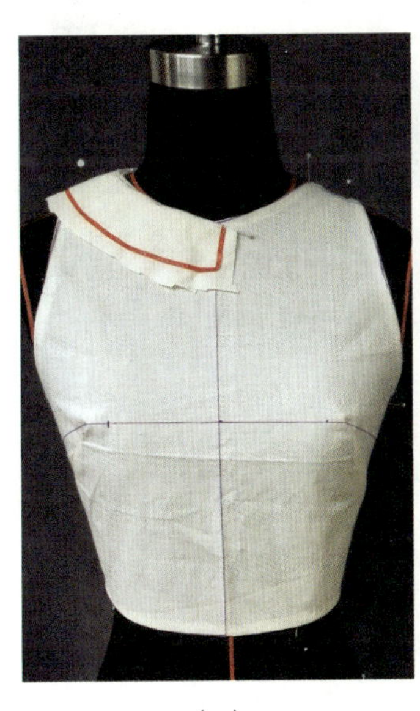
（a）

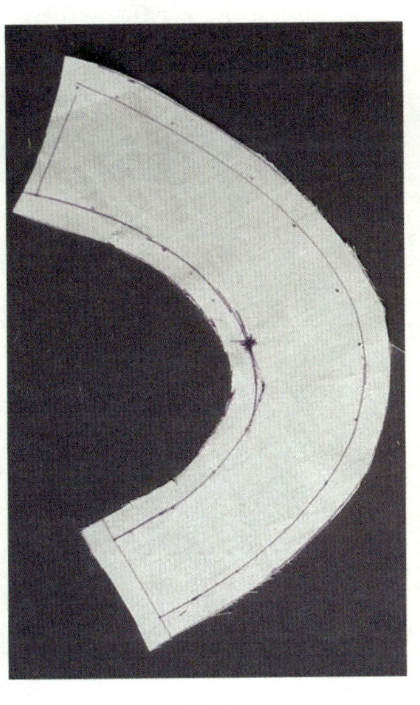
（b）

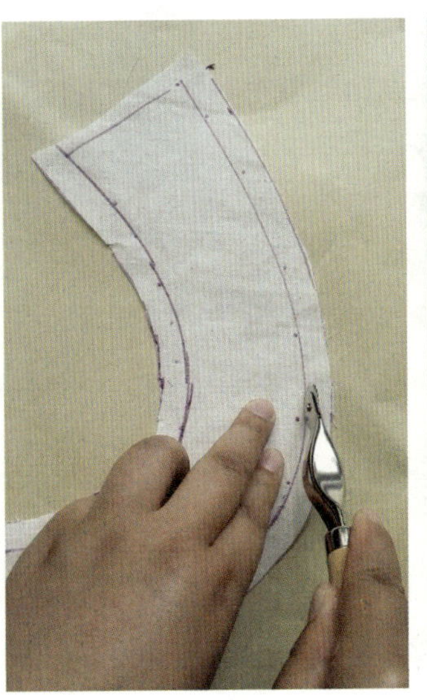
（c）

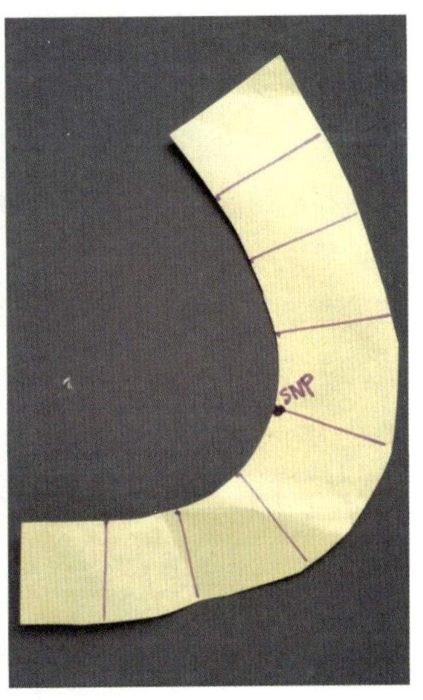

（d）

图3-44

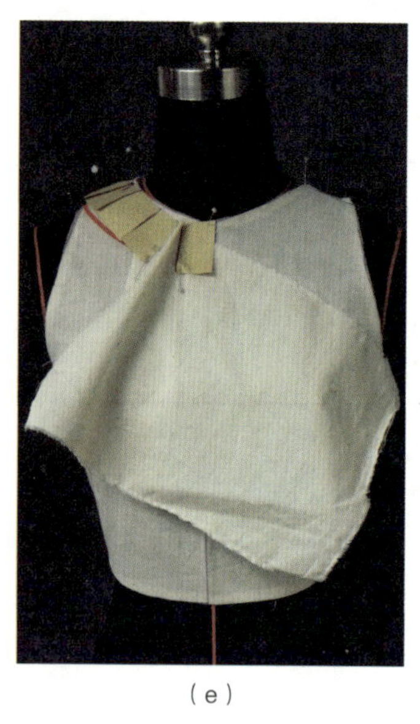
(e)

(f)

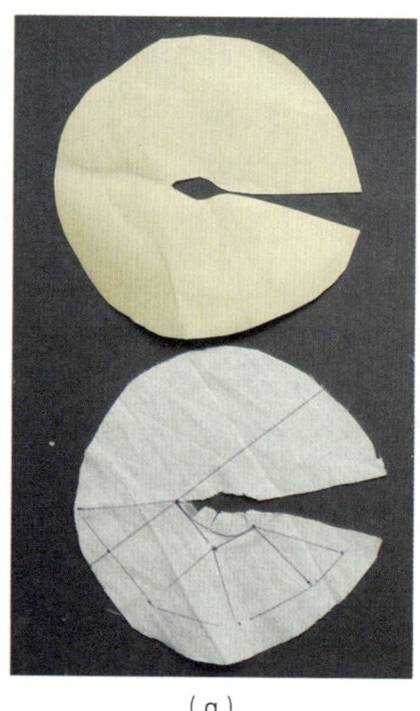
(g)

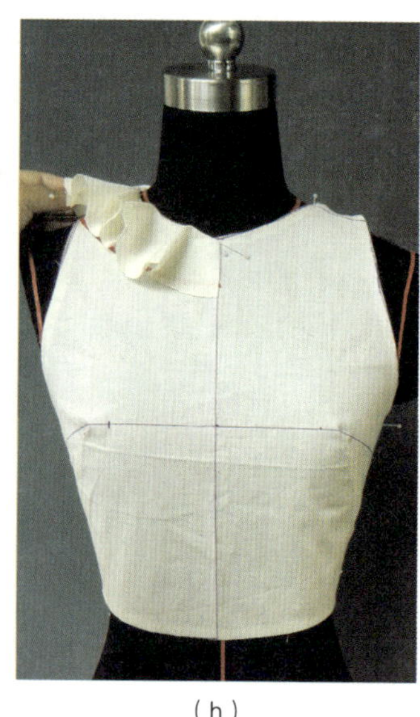
(h)

图3-44(续)

(2)样板。

①把领子纸样摊平，将单个波浪追加量加放至每个等分线处，内外轮廓线要连接圆顺。

②检验并修正样板。

③留出缝份，将多余布料剪掉，最终样板如图3-45所示。

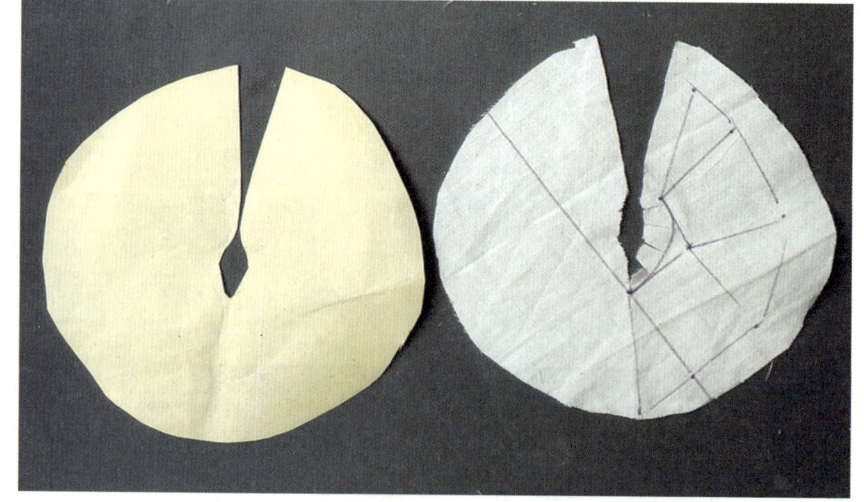
图3-45

4. 总结

波浪领的立体裁剪主要有两种方式：一种是采用波浪立体裁剪的方法直接得到，方法直观，但是不能控制面料的消耗量；另一种是间接得到，即按照螺旋纹裁剪面料获得波浪，其优点是操作简单，但是波浪大小难以控制。因此，本例按照波浪的本质改进了间接获得波浪的方法，即波浪追加量越大，波浪越大，应根据实际情况观察单个波浪，进行追加量的调整。

## 第五节　驳领立体裁剪

### 一、驳领设计与分类

驳领又称翻驳领，是指领面与驳头通过串口线连在一起的领型(图3-46)。常见驳领有开关领、西装领、青果领等。驳领多应用于不同季节的正式服饰，穿着时要特别注意服饰搭配的美感与款式，如男士要内穿衬衣、搭配领带，女士所穿衬衣与驳领要相互呼应。

图3-46

## 二、基本驳领立体裁剪

### 1. 款式分析

本例为常见翻驳领，前衣身领口部分向外翻折作为驳头，通过串口线与翻领缝合。翻折线为直线，翻折止点在腰围线附近。衣身前片在腰围处作横向分割。上半部分衣身浮余量通过撇胸、领口省、腰省、浮于袖窿等方式消除，下半部分通过在胸宽、侧缝附近追加下摆增量做出夸张造型，着装效果如图3-47所示。

### 2. 款式图及取样

（1）基本驳领正背面款式如图3-48所示。

（2）取样：前片长50 cm，宽40 cm；后片长50 cm，宽35 cm；领片长35 cm，宽20 cm，如图3-49所示。

图3-47

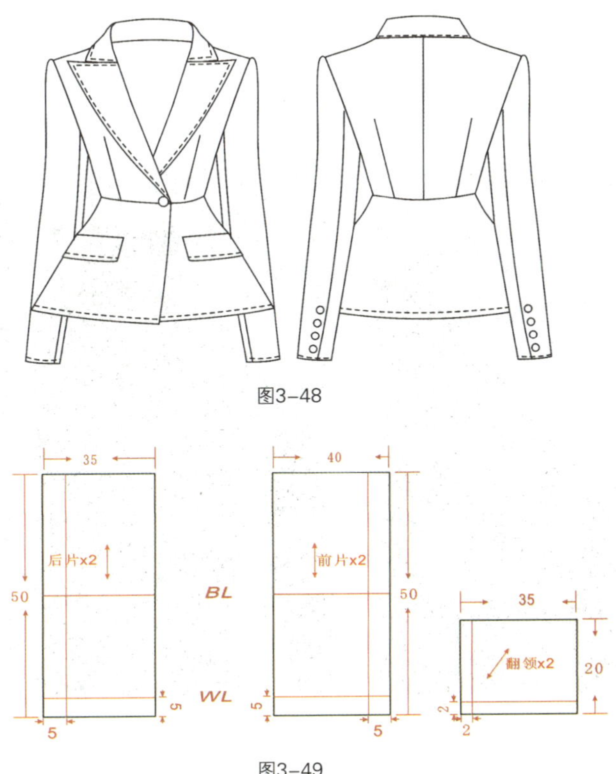


图3-48

图3-49

### 3. 立体裁剪步骤

本例重点介绍领子立体裁剪方法，因此关于衣身部分不再详细叙述。

（1）前片。

①在人台肩部安装垫肩，注意垫肩应对折，前段比后段短1 ~ 1.5 cm，如图3-50（a）所示。

②在人台上标记前片款式，如图3-50（b）所示。

③将前片前中线与胸围线对齐，然后将前中点向右偏转0.5 cm，此操作是采用撇胸处理部分衣身浮余量，如图3-50（c）所示。

④将衣身前片预留松量，然后将胸围线以下部分多余松量采用对准*BP*点的腰省和侧缝的方法收腰消除，胸围线以上部分松量留取部分浮于袖窿，余下松量采用对准*BP*点的领口省的方法消除，如图3-50（d）所示。特别注意：领口省不宜过大，且领口省长度不应超过驳领覆盖的区域。

⑤将前片领口部分沿翻折线向外翻折为驳头，标记驳头轮廓，剪去多余面料，如图3-50（e）所示。

（2）后片。由于肩胛骨凸起产生的后片浮余量原本就不多，本例采用垫肩、肩缝缩以及浮于袖窿来消除，胸、腰部多余松量采用对准肩胛骨点的腰省和侧缝的方法收腰消除，如图3-50（f）（g）所示。

（3）翻领。

①翻领采用45° 正斜纱，标记后中心线。

② 将翻领折叠，后中心与后片中心对齐，然后向前绕至驳领。观察并调整翻折线及装领线的形态，直至领子外观与款式图接近，且领身光滑平顺，如图3-50（h）（i）所示。

③将领子装领线部位别合于衣身领窝，如图3-50（j）所示。

④将领子沿翻折线外翻，按照款式图标记领子外轮廓线，如图3-50（k）（l）所示。

（4）样板。

①将衣片展平，连接衣片各点影。

②检验并修正样板。

③留出缝份，将多余布料剪掉，最终样板如图3-51所示。

（a）

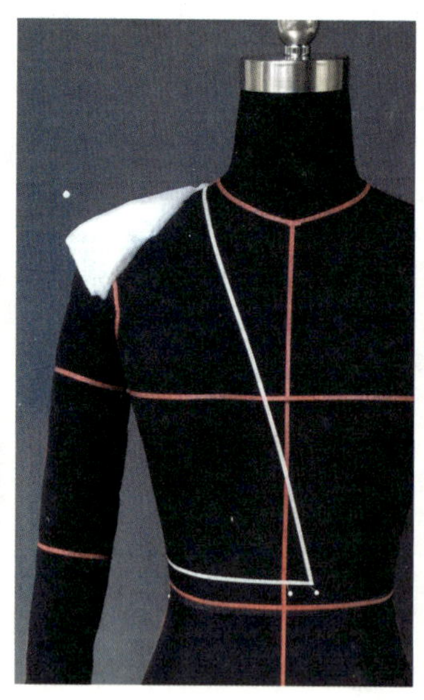
（b）

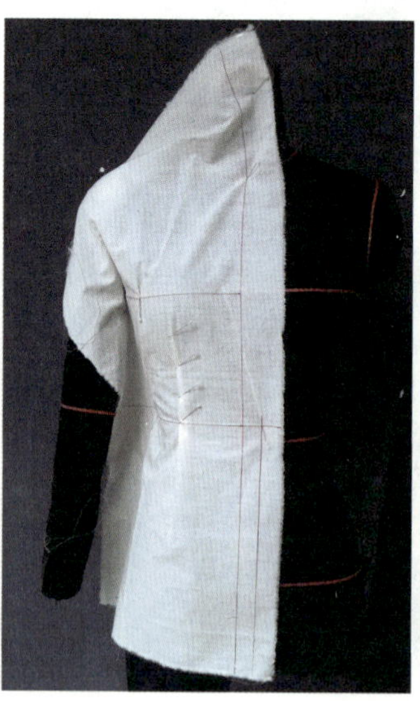
（c）

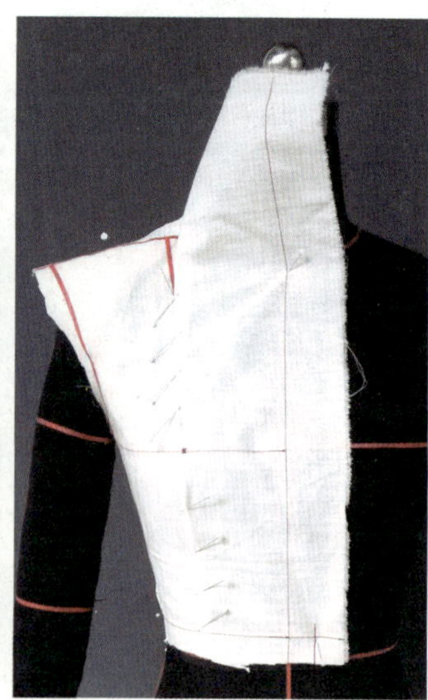
（d）

图3-50

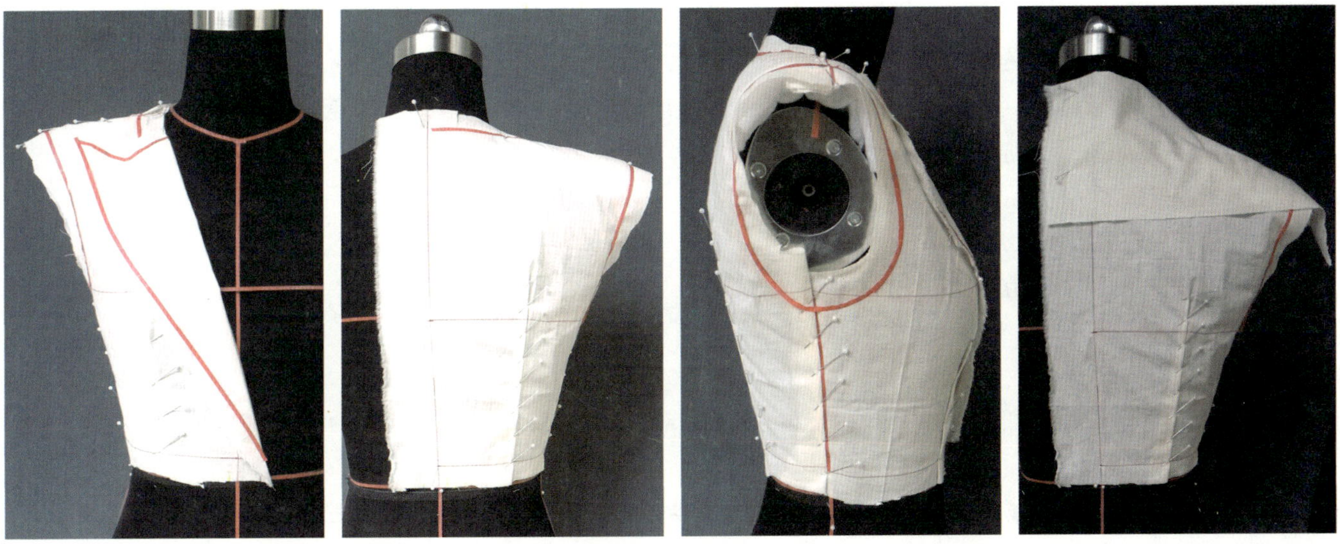

（e）　（f）　（g）　（h）

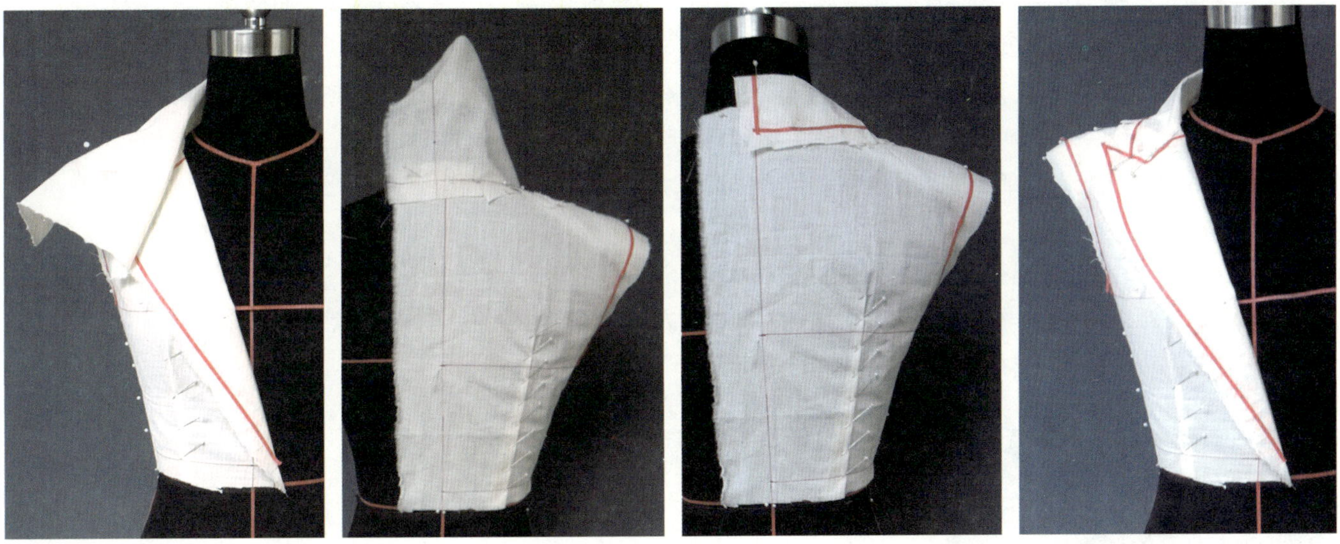

（i）　（j）　（k）　（l）

图3-50（续）

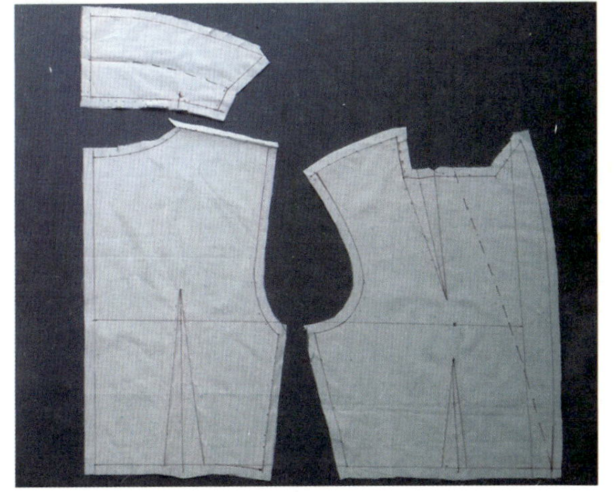

图3-51

#### 4. 总结

翻驳领由驳领与翻领组成。驳领由衣身翻折得到，翻领立体裁剪与立翻领操作相同。需要注意的是，驳领与翻领对合时，需要适当调整翻领装领线，以使翻折线衔接圆顺。

## 三、立驳领立体裁剪

驳领的构成要素主要包括衣身装领线和领外口线的形状和长度、底领和翻领的形状和宽度，驳头的形状和宽度以及翻折线的形状，改变这些要素的长度、宽度或者形状就可以设计出不同的驳领。

立驳领是比较典型且常见的变化驳领样式，由立领和驳领组成。

### 1. 款式分析

本例为常见立驳领，前衣身领口部分向外翻折作为驳头，驳头向后延伸直至后中点形成立领。衣身浮余量通过撇胸、领口省、插肩袖与衣身的分割线或浮于袖窿等方式消除。腰线以下口袋与衣身融为一体，着装效果如图3-52所示。

### 2. 款式图及取样

（1）立驳领裁剪正背面款式如图3-53所示。

（2）取样：前片长80 cm，宽40 cm；后片长80 cm，宽35 cm；袖片长80 cm，宽35 cm，如图3-54所示。

### 3. 立体裁剪步骤

本例重点介绍领子立体裁剪方法，因此关于衣身、袖子部分不做详细叙述。

（1）衣片。

①将前片前中线与胸围线对齐，然后将前中点向右偏转0.5 cm，衣身前片预留部分松量；然后用逆时针手法将胸围线以下部分多余松量转移至胸围线以上，部分浮于袖窿，部分留在分割线缩缝，余下松量采用对准*BP*点的领口省消除，如图3-55（a）所示。特别注意：领口省不宜过大，且领口省长度不应超过驳领覆盖的区域。

②将口袋沿分割线剪开，用珠针别出款式造型，然后将分割线别合，如图3-55（b）所示。如果本次操作中遇到衣长估计过少的情况，可参考图3-55（g）所示搭接缝另外一块面料补充。

③将后片预留松量以外部分放入分割线、浮于袖窿，并对准肩胛骨点用腰省进行处理，如图3-55（c）所示。

④拼合前后衣片，粗裁出袖窿形状，如图3-55（d）所示。

⑤将插肩袖做立体裁剪，拼合袖子与后片。使用同样的方法拼合前插肩袖片与前片，然后拼合前后插肩袖，并标记领窝弧线，如图3-55（e）（f）所示。

图3-52

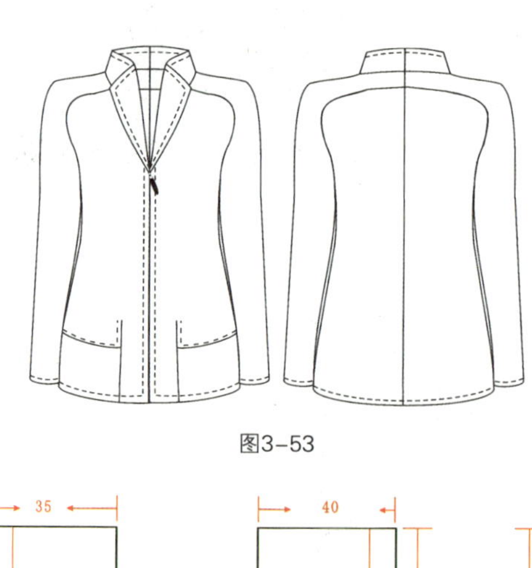

图3-53

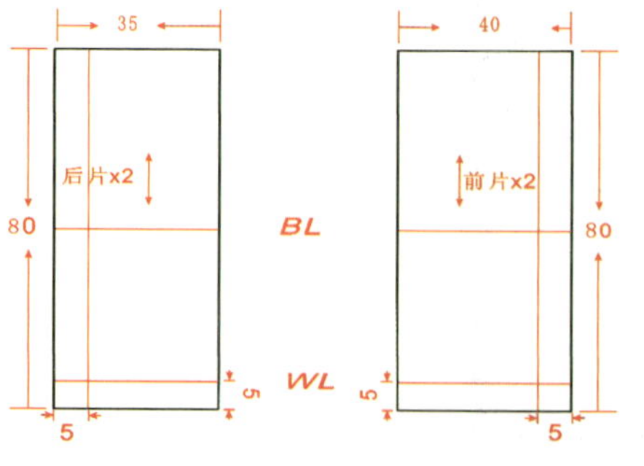


图3-54

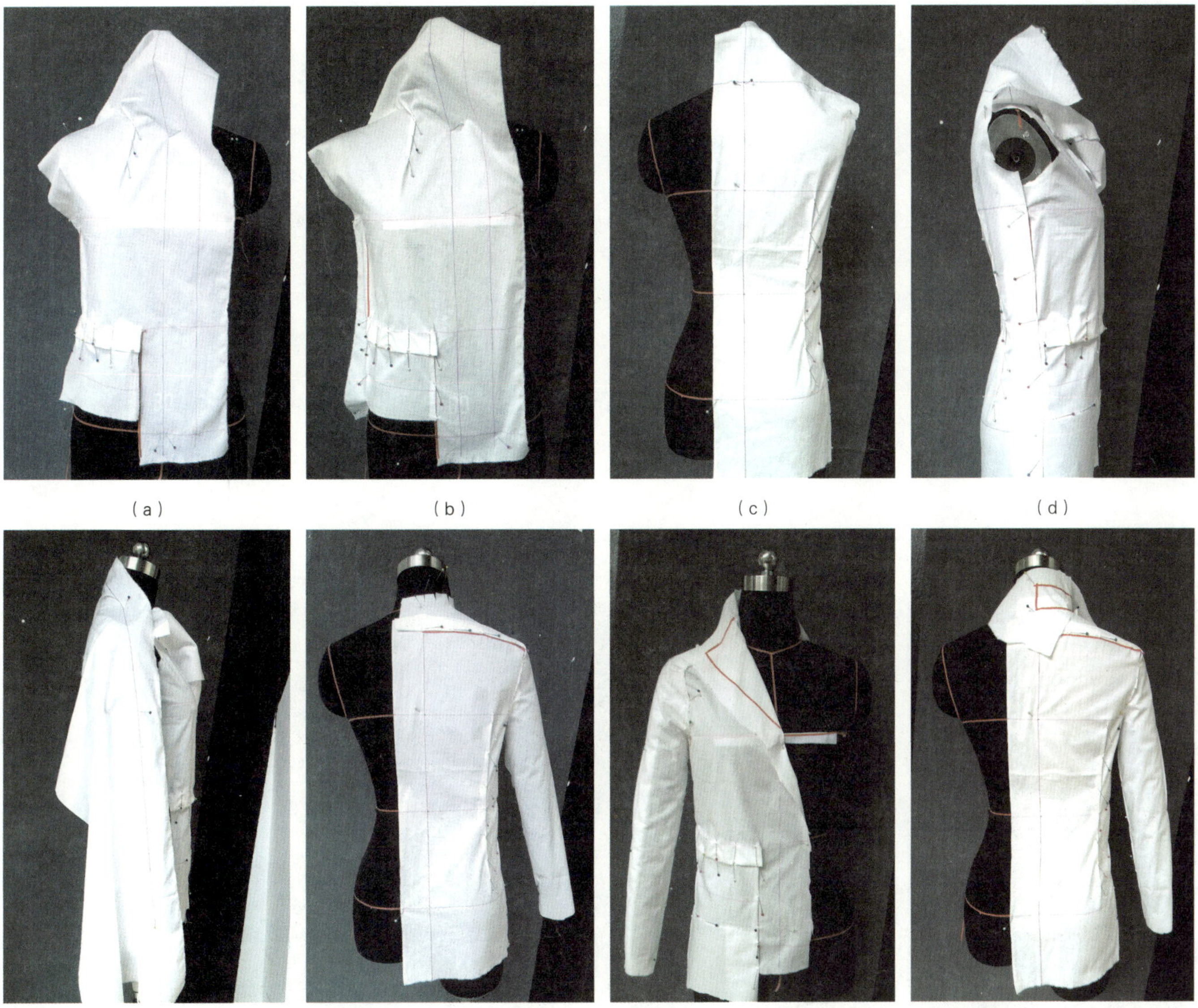

（a） （b） （c） （d）

（e） （f） （g） （h）

图3-55

⑥将前片领口部分向外翻折为驳头，然后将前衣身领口向后绕至后中心，形成连身立领。标记驳头及立领轮廓，剪去多余面料，如图3-55（g）（h）所示。

（2）样板。

①将衣片展平，连接衣片各点影。

②检验并修正样板。

③留出缝份，将多余布料剪掉，最终样板如图3-56所示。

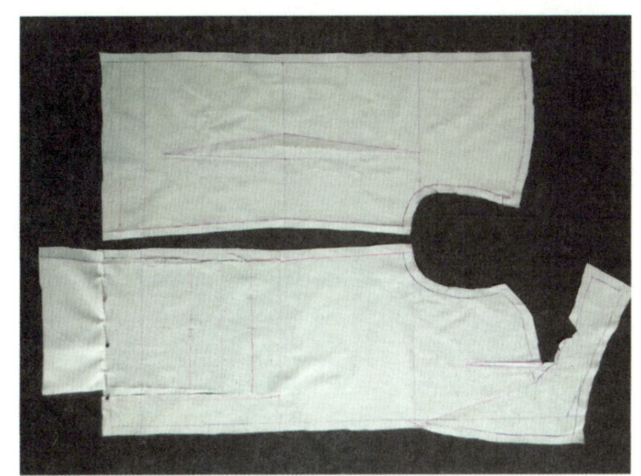

图3-56

**4. 总结**

立驳领是翻领连身立领与驳领的结合。操作时应先完成驳领，然后完成立领。本款立驳领前面部分与衣身相连，后背部分通过分割线处理，因此操作比较简单。如果遇到后衣身立领与衣身相连的情况，可参照变化立领中连身领的操作。

## 本章小结

本章主要介绍了几款领子的立体裁剪技法。领子根据形态分为无领、立领、立翻领、平翻领和驳领五种基本类型。基本领子变化造型的常用手法有垂褶、褶裥、抽褶、波浪、分割线等。无领本质上是解决衣身结构平衡问题，立体裁剪时应注意消除松量。影响立领外观造型的因素包括领子下口线的形态、立领宽度、领子上口线的长度以及领子与颈部的贴合程度四个方面。翻领的倒伏量与后中心领座高度密切相关，倒伏量越大，领座宽越小。驳领由驳领与翻领组成，对合驳领与翻领时注意翻折线衔接圆顺。

## 思考与练习

运用本章所学知识，结合创意手法，完成图3-57所示三款领子的立体裁剪。

图3-57

立领

波浪领（1）

波浪领（2）

波浪领（3）

# 第四章 袖子立体裁剪

◆本章导读

袖子作为仅次于领子的重要服装部件，其造型、结构及工艺处理直接决定整件服装的质量。袖子设计除了要考虑其静态造型美感外，更要注意其动态活动功能，应能够满足手臂运动的需求。袖子按照基本结构分为无袖与装袖；根据绱袖线的变化又可以分为连袖、分割袖等多种袖型。基本袖子结构与垂褶、褶裥、抽褶、波浪、分割、省道等结合可以设计出各式各样的造型。通过本章的学习，学生应掌握可拆卸手臂模型的制作方法和袖子立体裁剪技法，并能结合流行元素完成其他款式袖子立体造型。

## 第一节 可拆卸手臂模型制作

### 一、可拆卸手臂模型的特征

手臂模型是袖子立体裁剪的必要用具，具有以下特征：

（1）手臂模型的形状与粗细和人体手臂近似。

（2）为了方便制作比普通袖子长、大造型的袖子，手臂模型应比实际人体手臂长度稍长。

（3）为了方便袖身、袖山的立体裁剪，手臂模型应易于安装和拆卸。

### 二、材料准备

制作可拆卸手臂模型需要准备的材料：

（1）牛皮纸：用于制作手臂样板，普通厚度牛皮纸即可。

（2）白坯布：用于制作手臂的内胆以及表布。建议中等厚度，手感稍有硬度，这样制作的手臂外观硬挺，袖中线不易扭曲。

（3）腈纶棉：用于填充手臂。目前市场上能买到纤维状棉絮以及匹状腈纶填充棉。使用腈纶填充棉裁片做手臂填充物可使操作更方便。

（4）马克笔：用于标记手臂模型的主要参考线。尽管很多教材建议使用有色棉线，但采用马克笔做标记更快捷，标识的效果也更加美观。

（5）硬纸板：用于制作臂根截面和手腕截面的挡板衬垫。条件允许时，PVC板是比较不错的选择。

（6）其他：还需要准备制版工具、手缝工具、机缝工具、熨烫工具等。

## 三、样板制作

### 1. 手臂模型结构图

手臂模型结构图如图4-1所示。由于个体手臂尺寸和形状各不相同，图4-1中所采用的数据为平均值。如果针对个体制作手臂模型，需要在此图基础上进行相应缩放。

### 2. 表布裁剪样板

手臂模型表布裁剪样板图如图4-2所示。

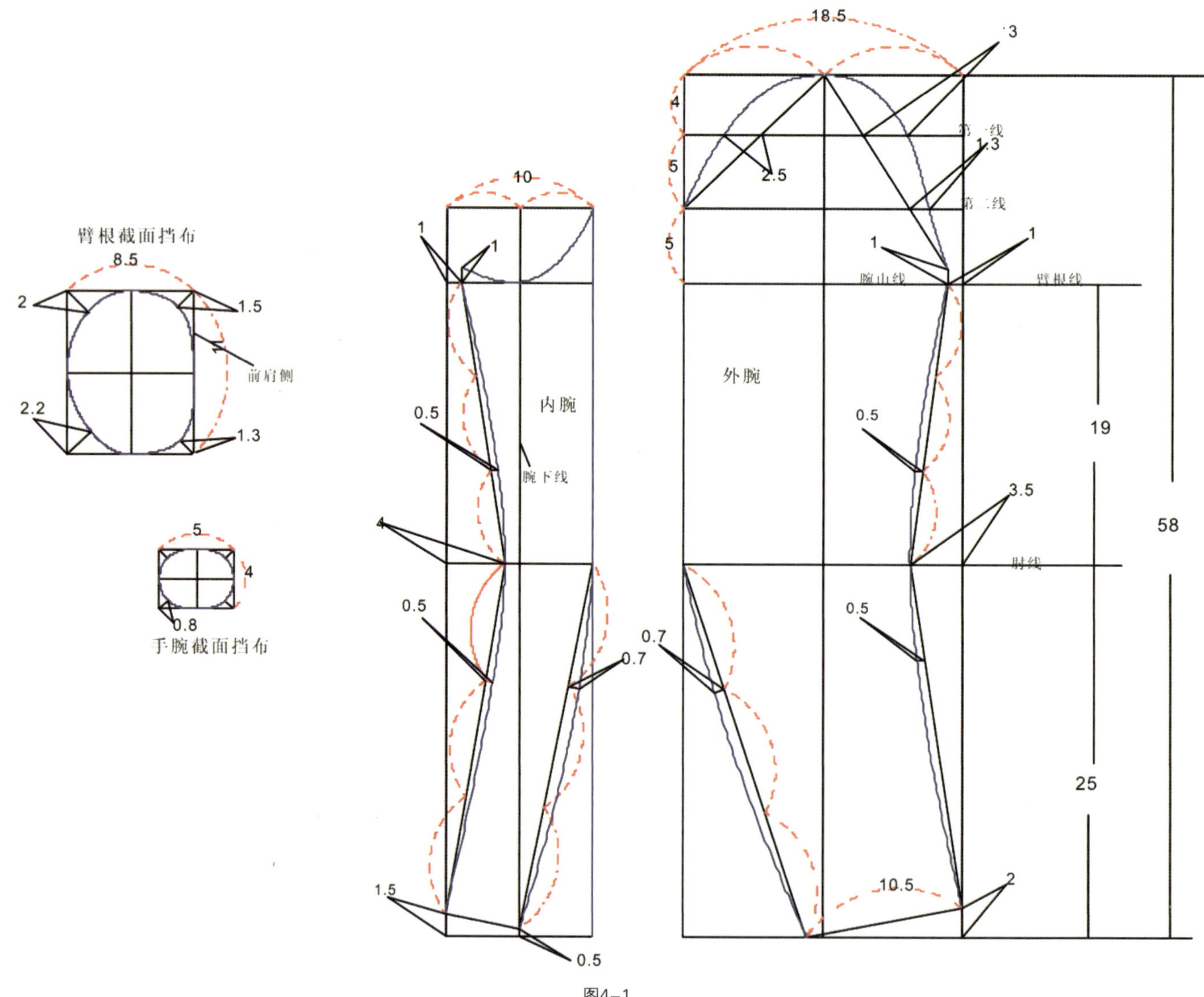

图4-1

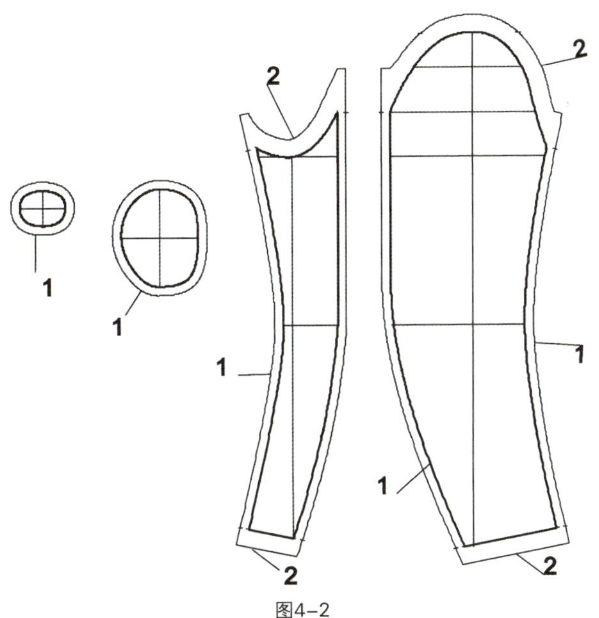

图4-2

在正经正纬的面料上画出净印和缝份，然后用马克笔画出第1线、第2线、臂根线、肘线、腕山线和腕下线等基准线，如图4-2所示。

### 3. 里布裁剪样板

手臂模型里布裁剪样板图如图4-3所示。

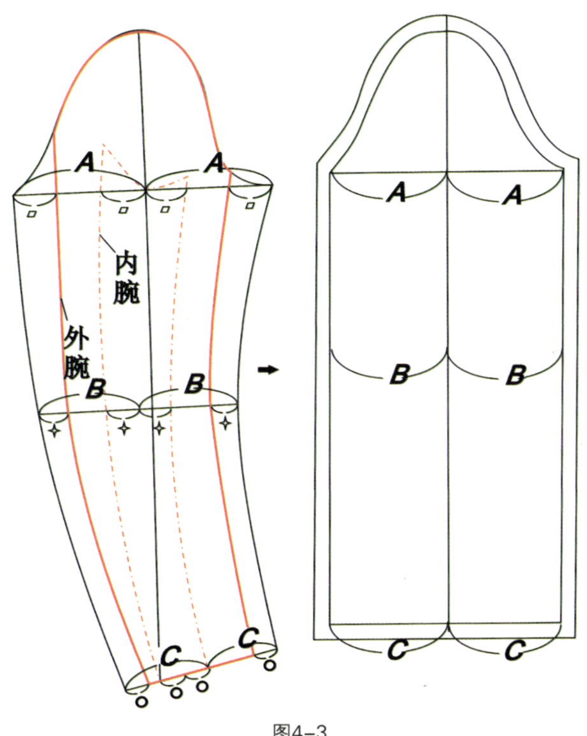

图4-3

包裹填充物的手臂里布应该与表布规格尺寸吻合，在结构制图中沿用表布各部位尺寸。以臂根线部位尺寸为例，2*A*=外腕尺寸+内腕尺寸，从本质上讲是将两片袖转化成一片袖的形式来处理。

在制作过程中，为追求工艺简化，里布采用45°斜纱，里布样板按图4-3所示处理成直身一片袖样式。

## 四、手臂制作

### 1. 制作手臂里布并填充

（1）裁剪里布与填充料：按照里布裁剪毛样板裁剪里布，按照里布裁剪净样板裁剪腈纶棉（约1 m）。

（2）包裹填充料：将裁剪好的腈纶棉放在里布上，如图4-4（a）所示。先将棉絮卷成手臂状，然后用里布包裹好，用大头针固定缝份。注意上臂部分的厚度、手肘部分的弧度以及手腕部分的厚度是否合适，局部增减棉絮以调整。

（3）缝合里布：将里布沿袖侧缝净缝线用手缝针缝合，去掉大头针。

（4）调整手臂形状：将填充好的里布调整为类似手臂的自然弧度，手臂自肘部向前略微倾斜。

### 2. 制作手臂表布

（1）拨开外腕前侧缝：将外腕的前侧缝斜向拉伸或者用熨斗拨开熨烫，直至前侧缝折起2 cm左右的顺滑弧线为止。

（2）缝合外腕、内腕侧缝线：将外腕、内腕基准线对齐，在缝纫机上缝合。以肘线为起点，先向下缝合侧缝，然后从肘线起向上缝合侧缝，目的是将外腕侧缝线的吃量在肘部附近缩缝，使外腕稍稍拱起，轮廓饱满，如图4-4（b）所示。

（3）缝份熨烫：将缝合好的前后侧缝线以内腕为方向倒缝熨烫，袖口缝份向里扣烫。

### 3. 制作臂根和手腕截面挡布

（1）制作臂根截面挡布：将裁剪好的挡布外缘拱针粗缝一圈，然后将硬质挡片材料照净样裁剪并叠放其中，抽紧缝线并固定，如图4-4（c）所示。

（2）用同样的方法制作手腕截面挡布。

### 4. 给手臂里布加表布

（1）将手臂里布装入表布：将手臂表布折叠，然后将里布套入表布，从手腕处将里布拉出。特别注意：外腕标记线应顺直，如图4-4（d）所示。

（2）处理袖口：修剪里布伸出袖口部分，保留4～5 cm缝份，将里布向内折扣并粗缝固定。将手腕截面挡布与表布标记线对齐，用大头针固定。最后用白棉线手工缲缝，如图4-4（e）所示。

（3）处理袖山：沿袖山弧线拱针抽紧袖山，使其长度与臂根挡片外围净尺寸相等。将臂根挡片与表布*A*、*B*两点以下弧线部位缝合，如图4-4（f）所示。将手臂*A*、*B*两点固定在人台上，调整至手臂肘部以上部分，使腕山线接近垂直；然后调整袖山部分饱满度及标记线顺直，最后用1 cm左右结实的织带包裹*A*、*B*两点上部袖山弧线，将多余部分剪除，最后手缝固定织带、挡布与表布。

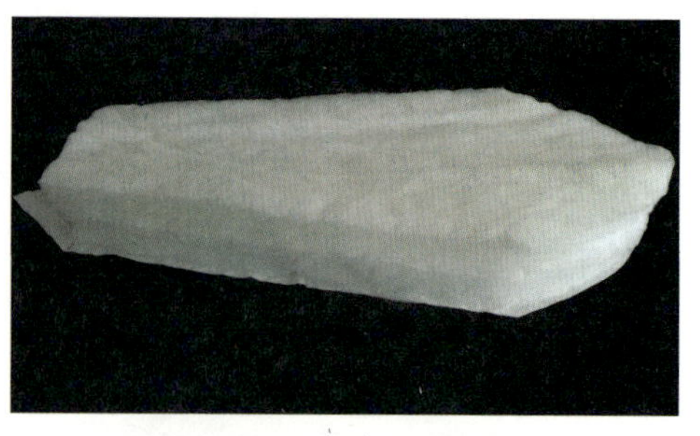

（a）

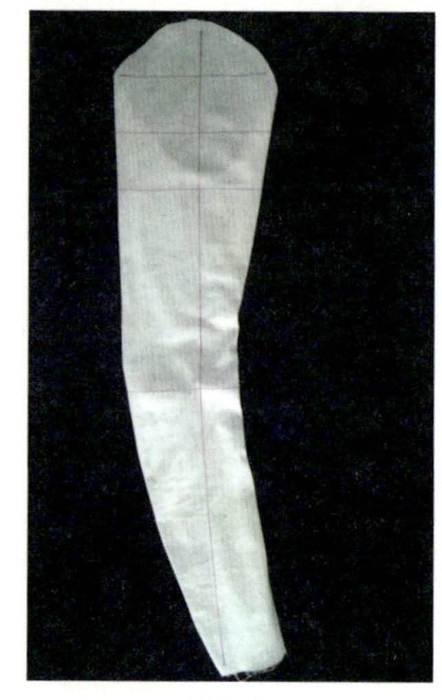

（b）

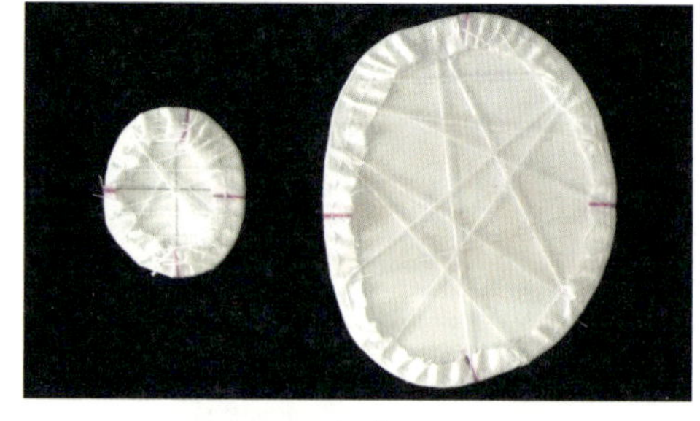

（c）

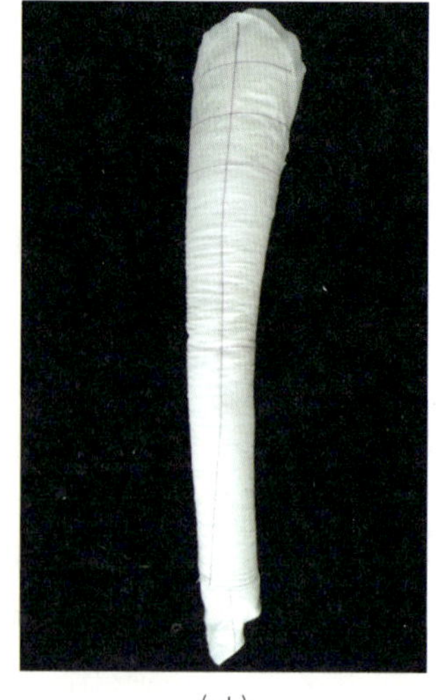

（d）

图4-4

5. 安装肩布

（1）准备肩布：将表布材料裁剪出两块13 cm×20 cm面料，沿着长边各折1 cm，折边压缝，如图4-4（g）所示。

（2）肩布立体裁剪：在前肩一侧，肩布折边一端在颈侧部位留出缝份，另一端在*A*点处固定，如图4-4（h）所示。在后肩一侧同样装好肩布。在肩缝线处掐除多余量，使肩布紧紧贴合人台，留下1.5 cm左右的缝份，其余剪除。在和手臂结合处留1.5 cm左右的缝份，其余剪除。将两片布从人台上取下，校验样板，如图4-4（i）所示。

（3）安装肩布：将肩布肩线缝合、分缝熨烫。将肩布靠近袖山部分缝份并扣烫，并重新安装到人台上，用大头针平整地固定，然后手工缲缝，如图4-4（j）所示。

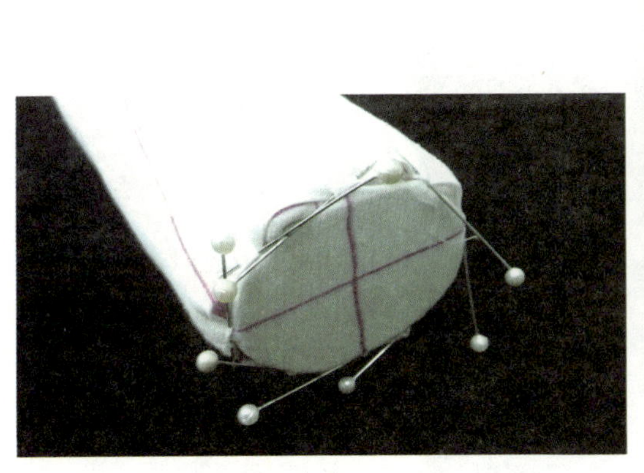

（e）

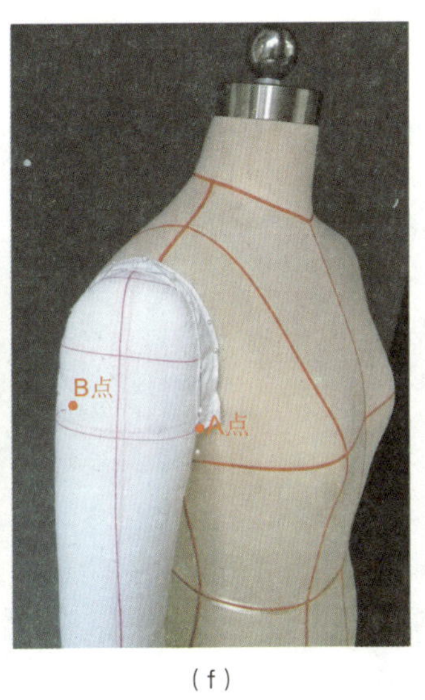


（f）

（g）

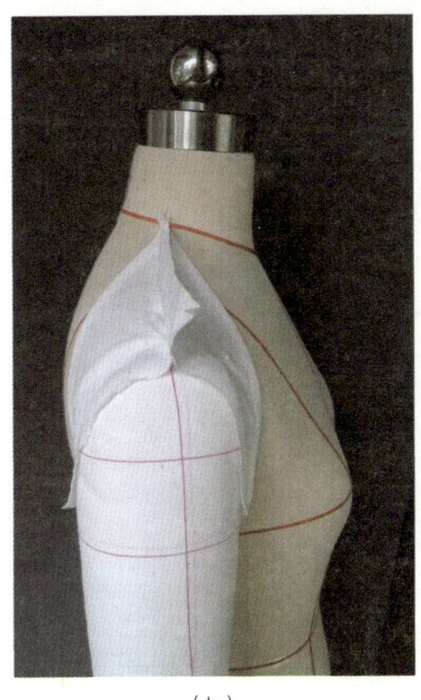

（h）

（i）

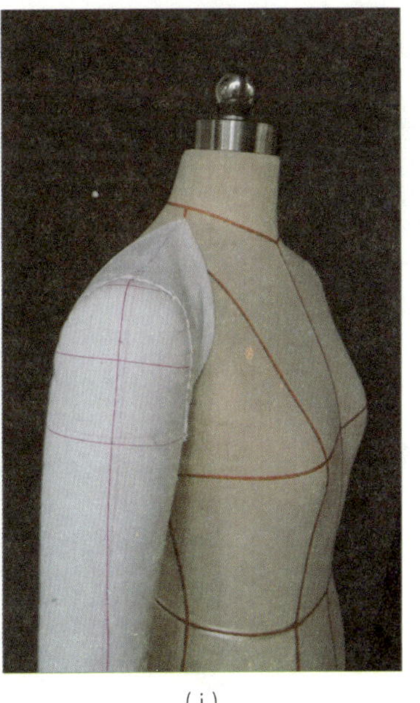

（j）

图4-4（续）

# 第二节　装袖立体裁剪

## 一、装袖设计与分类

装袖是在人体臂根附近绱袖的袖子总称，又称圆袖或圆装袖。按照袖子长度，装袖分为短袖、中袖、长袖等；按照袖片数量，装袖分为一片袖、两片袖、1.5片袖等；按照袖身是否弯曲，装袖分为直身袖和弯身袖；按照袖肥大小，装袖分为紧身袖、宽身袖等；按照袖子形态，装袖分为灯笼袖、喇叭袖、荷叶袖、泡泡袖、羊腿袖、花瓣袖等（见图4–5）。装袖广泛应用于各类服装，如衬衫、夹克、西装、大衣、中山装等。

装袖由袖山和袖身组成，袖子造型变化与两者密切相关。当衣身袖窿确定时，袖山设计必须与其搭配。此时袖山越高，袖子越贴体，运动功能越低，如各类西装袖；袖山越低，袖子越宽松，运动功能越强，如各类活动方便的休闲服装袖子。袖身包括袖肥、袖长和袖口三个部分，它们决定了袖子的长短和肥瘦。

图4–5

## 二、普通装袖立体裁剪

### 1. 款式分析

本例为常见两片圆装袖，袖山圆润、饱满，袖身贴体、挺括，袖口有开衩，左右各装饰4颗纽扣，着装效果如图4-6所示。

### 2. 款式图及取样

（1）普通装袖正背面款式如图4-7所示。

（2）取样：大袖长60 cm，宽30 cm；小袖长60 cm，宽20 cm，如图4-8所示。

### 3. 立体裁剪步骤

本例与翻驳领一节的款式相似，因此衣身和领子的立体裁剪不再赘述。

（1）袖子。

①将可拆卸手臂放在大袖与小袖裁片之间，小袖中线与手臂内腕中线对齐，用珠针固定，如图4-9（a）所示。

②将大袖与小袖别合，如图4-9（b）所示。

③粗裁袖山弧线，注意不要剪去太多，露出臂根挡片即可，如图4-9（c）所示。

④将可拆卸手臂安装到人台，调整袖山弧线与袖窿的搭配，用珠针拼合。注意袖山保留少量吃势，这样成衣的袖山部位才会饱满圆润，如图4-9（d）所示。

图4-6

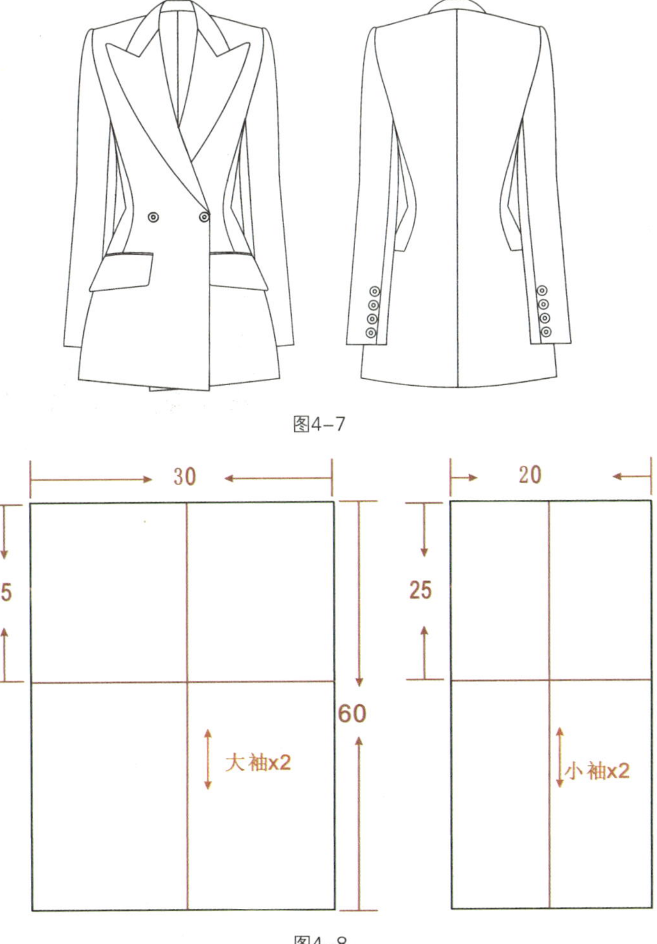


图4-7

图4-8

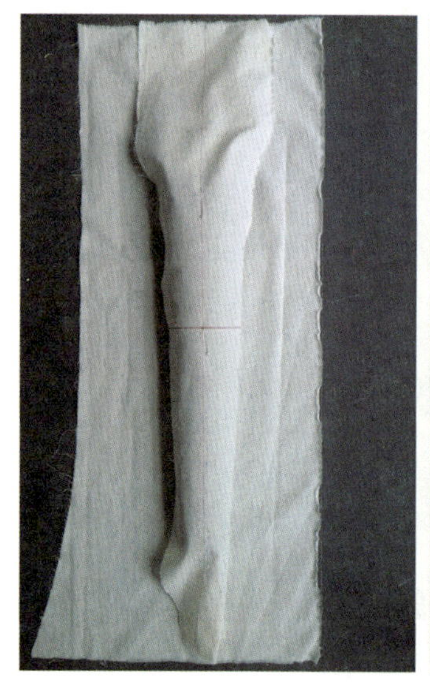
（a）

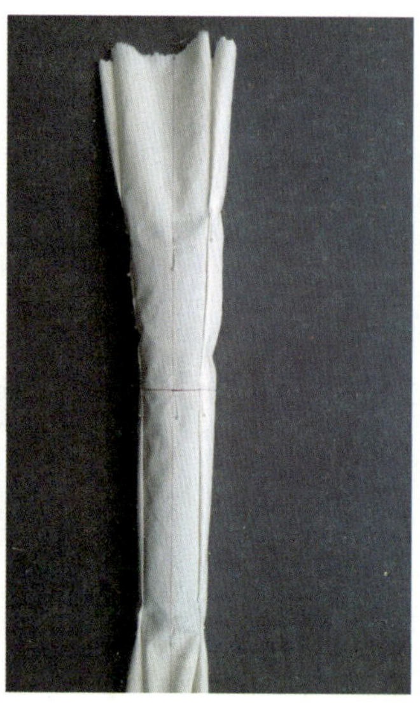
（b）

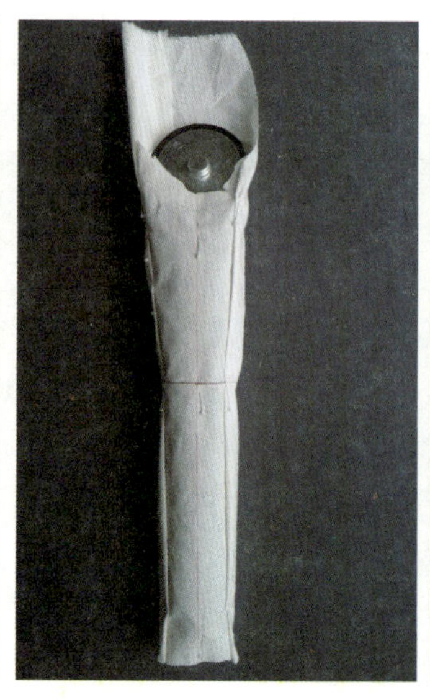
（c）

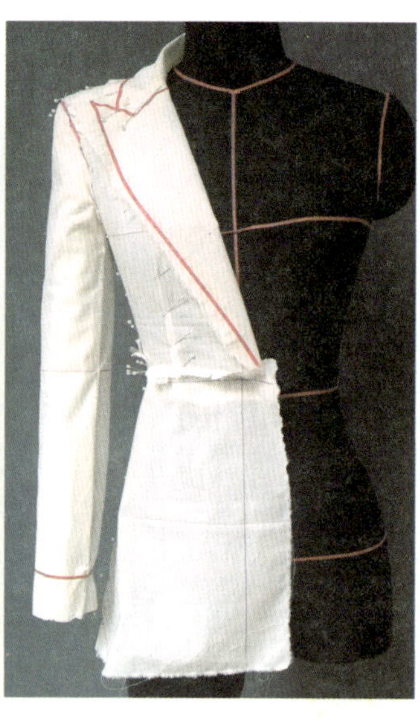
（d）

图4-9

（2）样板。

①将衣片展平，连接衣片各点影。

②检验并修正样板。

③留出缝份，将多余布料剪掉，最终样板如图4-10所示。

图4-10

4．总结

装袖是将衣袖与衣身单独裁剪，将袖窿弧线与袖山弧线缝合成一体，因此袖山必须与袖窿相配。袖山底部为活动功能区域，不便缩缝。袖山靠近袖山顶点区域为造型区域，可以根据款式追加松量造型。除此之外，造型区域还需要保留微小吃势，以保证袖子与衣身缝合后袖山饱满。

## 三、泡泡袖立体裁剪

普通装袖结构常常与抽褶、垂褶、分割、波浪、折叠、绣缀等组合成变化袖型，其中最常见的是泡泡袖。

1．款式分析

本例为常见两片圆装袖，袖山圆润、饱满，袖身贴体、挺括，袖口有开衩，左右各装饰4颗纽扣，着装效果如图4-11所示。

2．款式图及取样

（1）泡泡袖正背面款式如图4-12所示。

（2）取样：袖子长60 cm，宽50 cm；克夫长15 cm，宽20 cm，如图4-13所示。

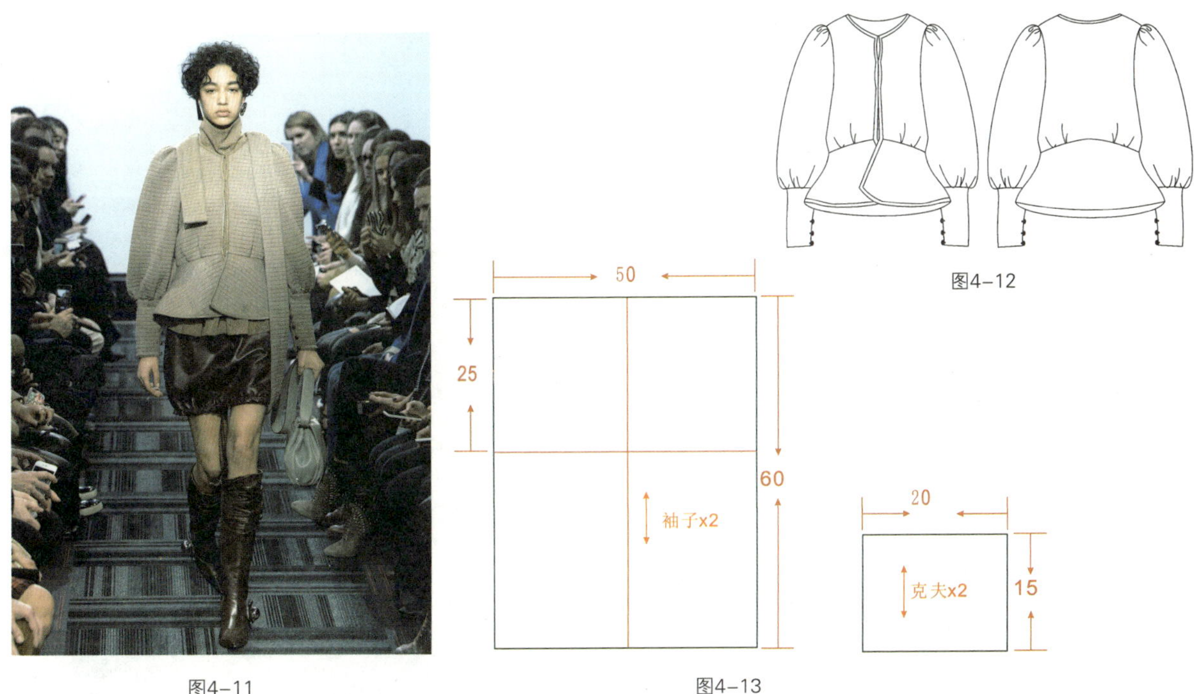


图4-11 图4-12 图4-13

### 3. 立体裁剪步骤

本例重点介绍袖子，因此衣身和领子的立体裁剪不再赘述。

（1）袖子。

①将袖身裁片包裹可拆卸手臂，根据款式预留袖身松量，然后将袖底缝用珠针别合，如图4-14（a）所示。

②借助绳带束缚袖口达到目标尺寸，调整褶皱使抽褶均匀。

③粗裁袖山弧线，注意不要剪去太多，露出臂根挡片即可。

④剪去袖口多余面料，将调整好抽褶的袖口用标记线标识袖口形状，如图4-14（b）所示。

⑤在袖口部位拼合克夫，如图4-14（c）所示。

⑥将可拆卸手臂安装至人台，调整袖山形态与袖窿别合，如图4-14（d）所示。本例为抽褶袖，为简化操作，将袖山部位手缝抽缩，在保证袖山顶点与肩端点对齐的前提下，袖山顶点附近形成均匀细褶，与袖窿相连。

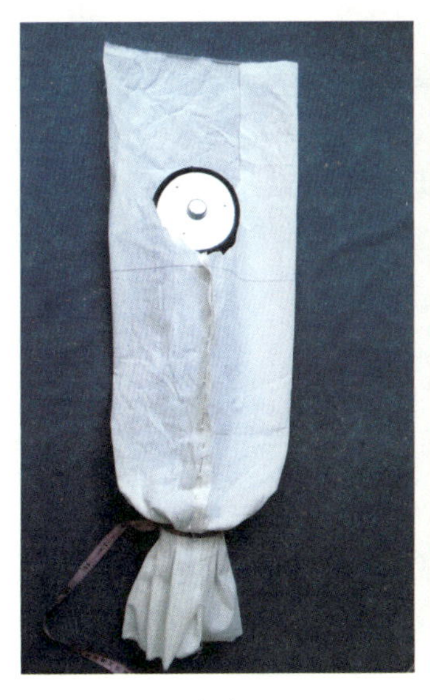
（a）

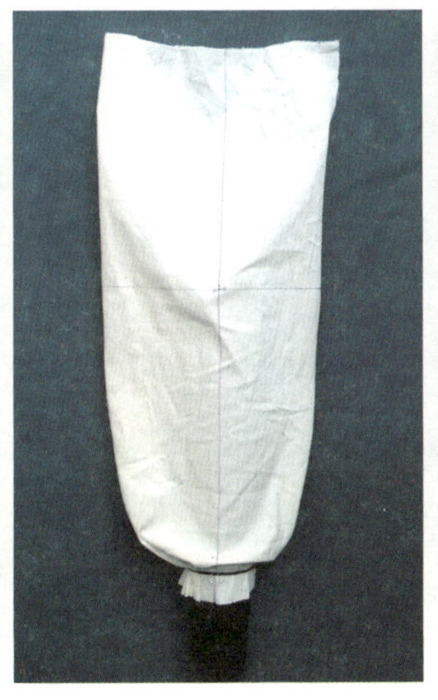
（b）

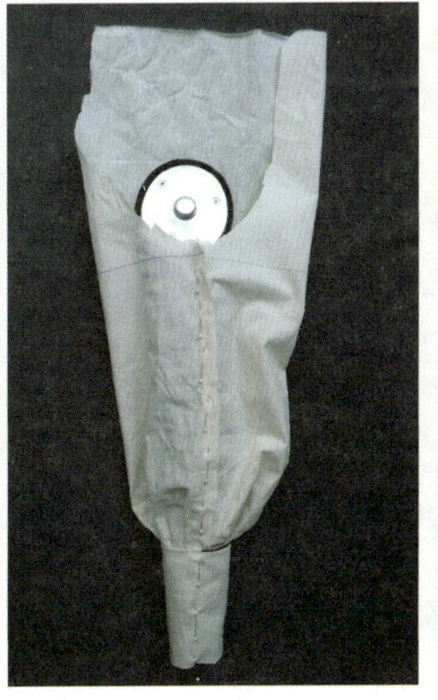
（c）

（d）

图4-14

（2）样板。

①将衣片展平，连接衣片各点影。

②检验并修正样板。

③留出缝份，将多余布料剪掉，最终样板如图4-15所示。

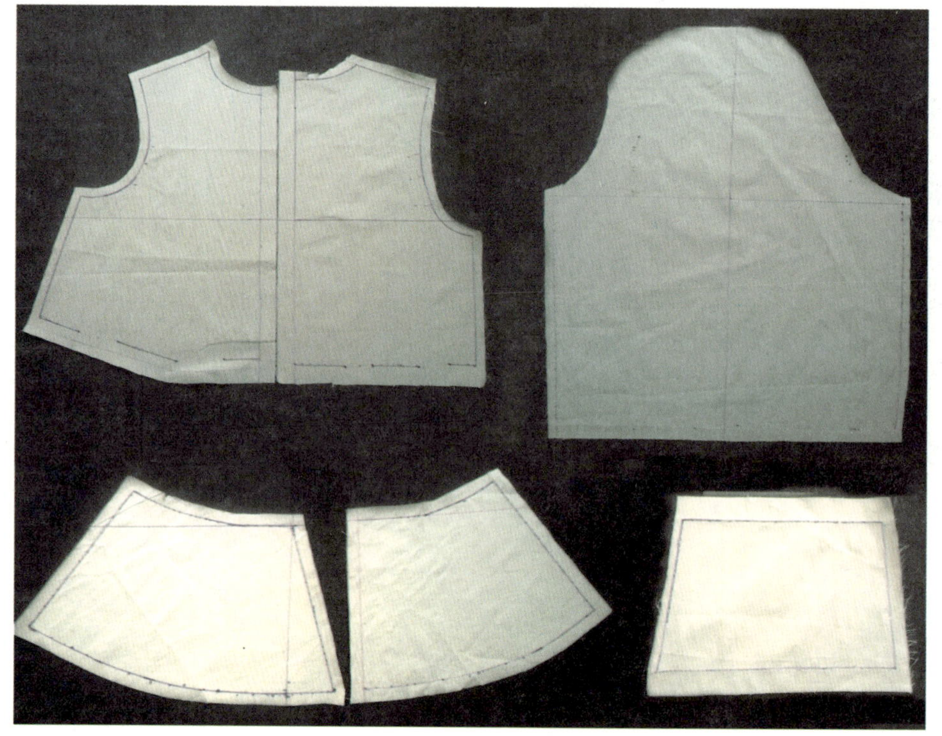

图4-15

### 4. 总结

抽褶袖是在普通装袖基础上追加袖山弧线长度，且袖口长度弧线通过抽褶形成的变化袖型，因此准备裁片时要留出足够的加放量。在立体裁剪过程中，可以借助手缝来简化操作。

# 第三节　绱袖线变化袖子立体裁剪

## 一、绱袖线变化袖子设计与分类

普通装袖绱袖线在肩端点附近，随着绱袖线位置以及款式的变化，普通装袖可以演变出不同的袖型（见图4-16）。绱袖线在肩端点以下的称为落肩袖，绱袖线在肩端点以内的称为插肩袖，绱袖线将衣身分割出育克的称为育克袖，没有绱袖线的称为连袖。

## 二、连袖立体裁剪

### 1. 款式分析

本例为常见连袖，袖长为中袖，袖山较低，袖肥较大，着装效果如图4-17所示。

### 2. 款式图及取样

（1）连袖正背面款式如图4-18所示。

（2）取样：前、后片长100 cm，宽50 cm，如图4-19所示。

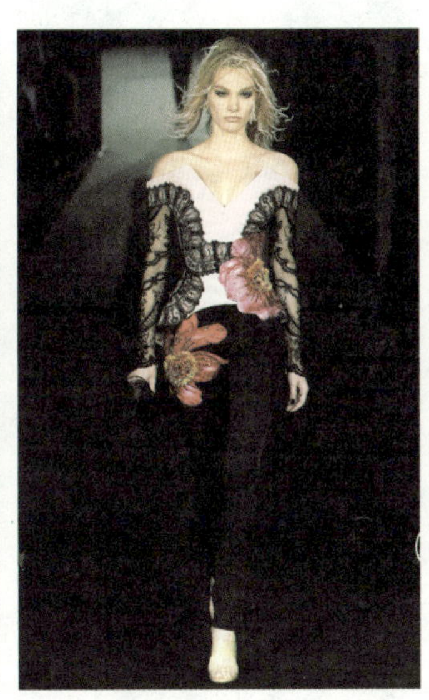

图4-16

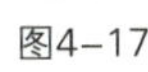

图4-17

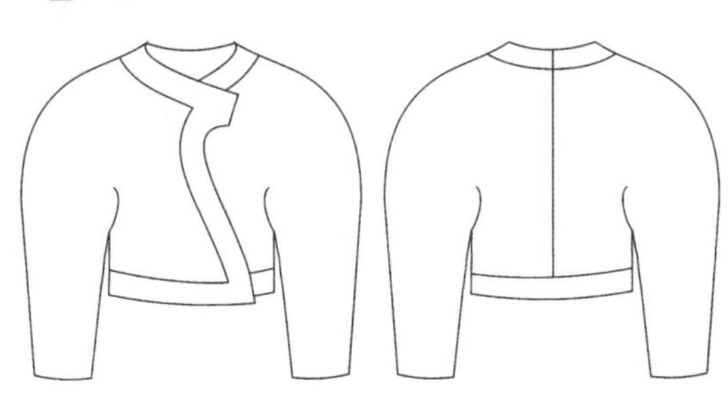

图4-18

5
前片x2
BL
50
100
5
后片x2
BL
100

图4-19

### 3. 立体裁剪步骤

本例连身袖与变化立领中的袖子为同款，此处忽略衣身的差异，借用变化立领中的例子示范连身袖立体裁剪。

（1）衣片。

①对齐前中线、胸围线，在胸宽附近预留松量，然后将前衣身浮余量采用对准*BP*点的领口省消除，如图4-20（a）所示。

②将可拆卸手臂抬至45°，调整前片，使其舒展地覆盖于肩膀和手臂，沿着肩斜线和腕山线将前片别合于肩部和手臂，剪掉多余的布料，如图4-20（b）（c）所示。

③后片立体裁剪操作与前片相同，与前片别合后效果如图4-20（d）所示。

④根据衣身和袖子大小粗裁袖子，然后用针别合袖下缝及衣身侧缝，如图4-20（e）所示。

⑤标记外轮廓线及内部结构线，剪掉多余面料，将领口和下摆折光，如图4-20（f）（g）所示。

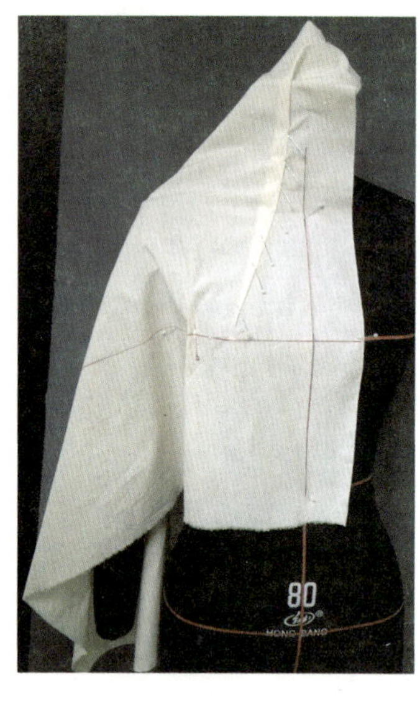

（a）

（b）

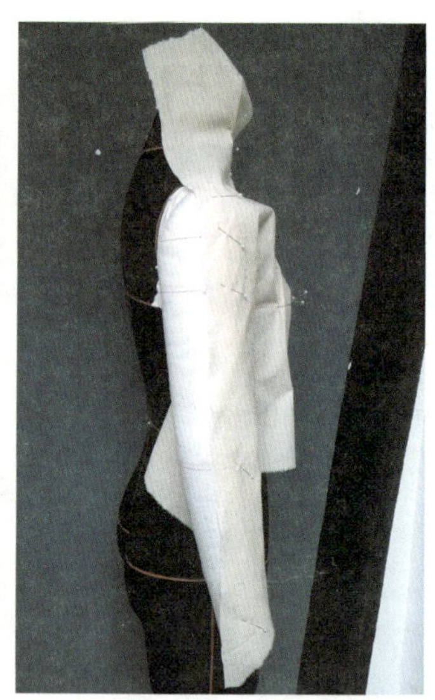

（c）

（d）

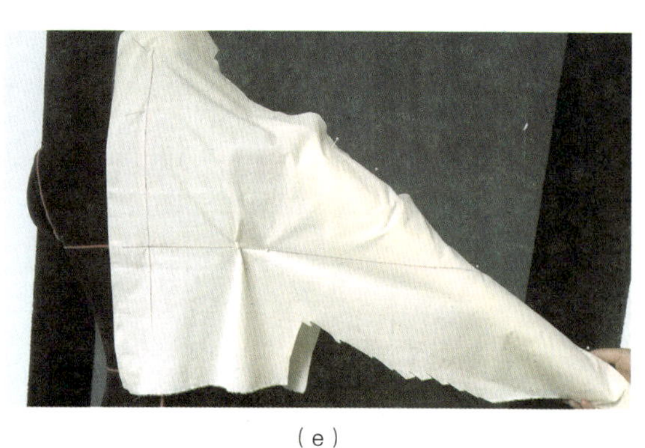

（e）

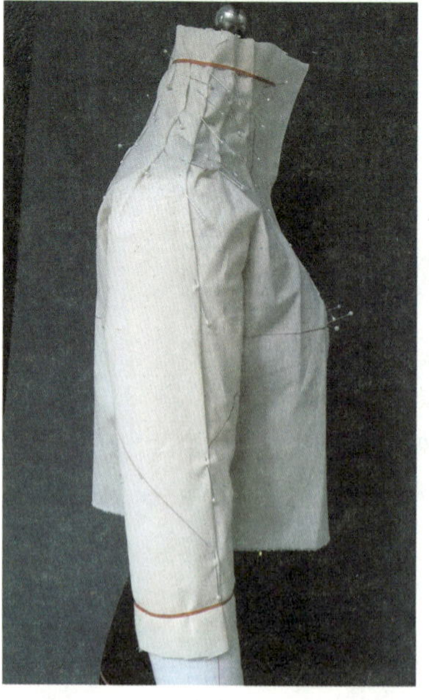

（f）

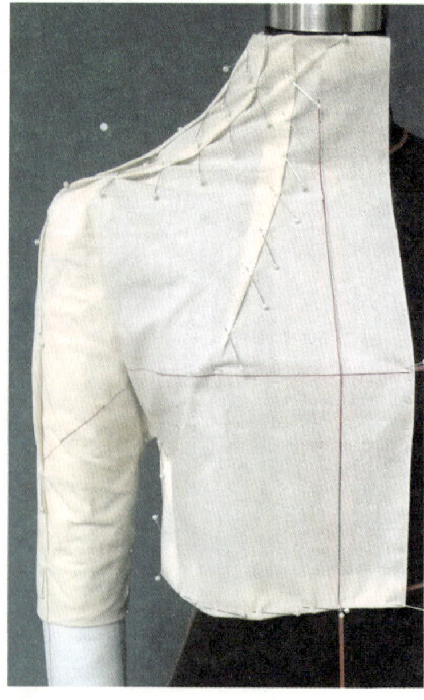

（g）

图4-20

（2）样板。

①将衣片展平，连接前后衣片各点影。有些点影不一定在连接线上，这就需要设计者熟知主要结构线的方向，使最终衣片结构线经过点影附近。

②由点影连接的样板还需要进一步检验修正，包括前后领上口线是否连接顺滑，前后袖外侧缝、前后袖内侧缝等部位尺寸是否相等或相近。本例为连身领，如果遇到领身不平整的情况，可以采用归拔工艺。

③留出缝份，将多余布料剪掉，最终样板如图4-21所示。

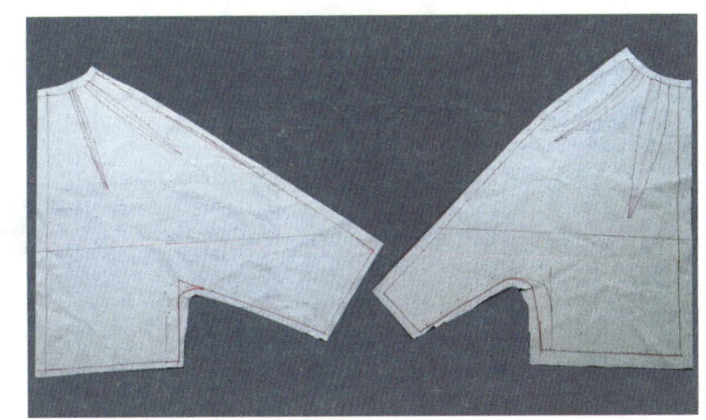

图4-21

#### 4. 总结

连袖的衣身与袖子结合为一体，所以在立体裁剪时应该将可拆卸手臂上抬45° 以预留活动松量。直接在原型的基础上延长肩线形成袖肥的连袖松量不足，解决这个问题的方法有两种：第一，增加衣身宽度和袖肥，使衣袖穿脱方便，但是由于腋下等尺寸变短，上举困难，且衣身容易上提；第二，在袖子底部增加插角补充腋下及袖下尺寸的不足，使袖子无须增加衣身宽度和袖肥，以达到提高运动功能的目的，能够改善连袖外观造型。

### 三、插肩袖立体裁剪

#### 1. 款式分析

本例为常见插肩袖，袖长为短袖，袖山较低，袖身饱满，着装效果如图4-22所示。

#### 2. 款式图及取样

（1）插肩袖正背面款式如图4-23所示。

（2）取样：袖长50 cm，宽50 cm，如图4-24所示。

图4-22

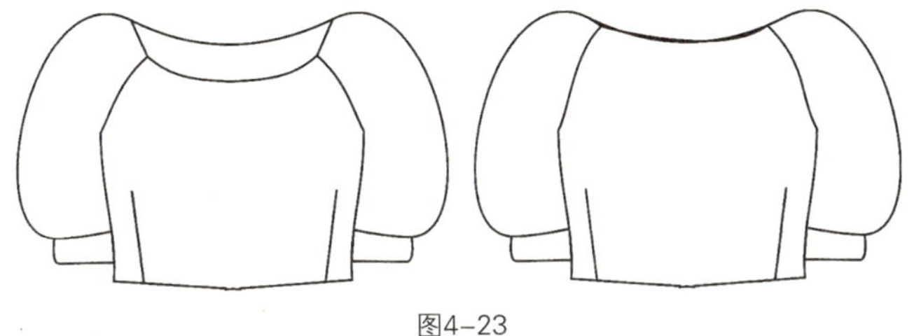

图4-23

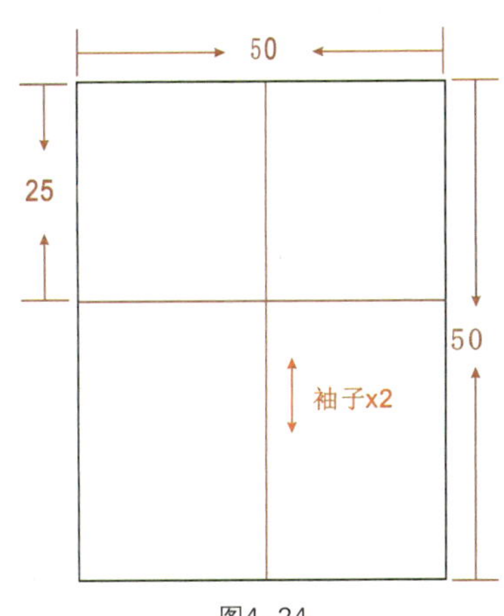


图4-24

### 3. 立体裁剪步骤

（1）袖子。

①标记前后插肩袖分割线，并在肩端点增加凸起量，如图4-25（a）所示。

②将袖子裁片中线与手臂中线对齐，如图4-25（b）所示。

③将可拆卸手臂抬至45°，调整袖片舒展地覆盖于肩膀和手臂，沿着分割线将袖子别合于前后片，剪掉多余的布料，如图4-25（c）所示。

④别合袖底缝，并抽缩袖口，如图4-25（d）所示。

⑤标记外轮廓线及内部结构线。

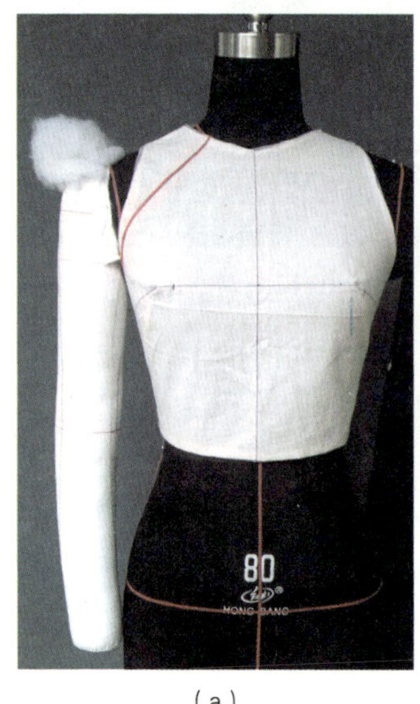

(a)

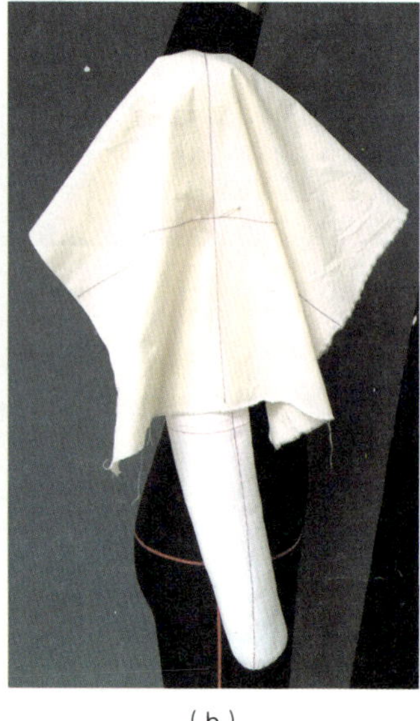
(b)

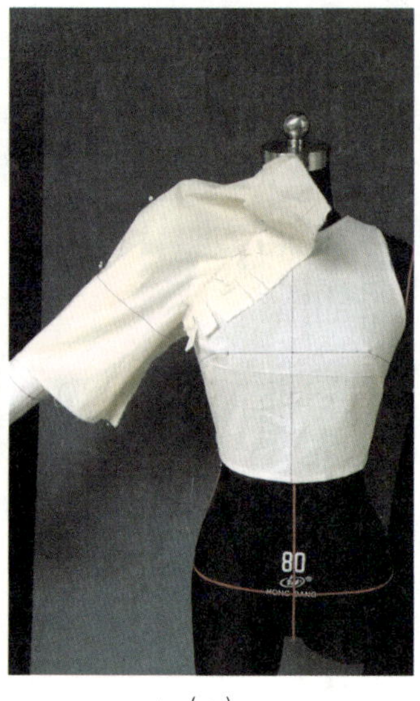

(c)

(d)

图4-25

（2）样板。

①将衣片展平，连接衣片各点影。

②检验并修正样板。

③留出缝份，将多余布料剪掉，最终样板图如图4-26所示。

图4-26

### 4. 总结

插肩袖在立体裁剪时应该将可拆卸手臂上抬45°以预留运动松量。在其他条件不变时，插肩袖的绱袖角度越小，袖子越贴体，运动功能越低；反之绱袖角度越大，袖子越宽松，运动越方便灵活。

## 本章小结

本章主要介绍了可拆卸手臂模型制作、装袖及绱袖线变化袖子立体裁剪。可拆卸手臂模型是袖子立体裁剪的重要工具，作为人体手臂代用模型，它的尺寸与形状和真人手臂接近，为了使用方便，长度应比真人手臂尺寸长，以易于安装与拆卸。

基本袖子按结构种类分为无袖、装袖和绱袖线变化袖子三类。装袖立体裁剪时必须注意袖山与袖窿配伍，同时保留必要吃势以保证成衣袖山饱满。绱袖线变化袖子中最常见的是连袖与插肩袖，这两种袖子在立体裁剪时需要注意上抬可拆卸手臂，预留必要运动松量。

## 思考与练习

运用本章所学知识，结合创意手法，完成图4-27所示几款袖子的立体裁剪。

图4-27

装袖（1）

装袖（2）

装袖（3）

装袖（4）

装袖（5）

泡泡袖

# 第五章

## 裙子立体裁剪

◆本章导读

在女性服饰中，裙子的穿着人群十分广泛，是最富有特色和活力的服装品种。通过本章的学习，学生应理解裙装的构成原理，掌握直身裙、喇叭裙、陀螺裙以及垂褶裙的立体裁剪操作方法和步骤，能熟练应用本章所介绍的裙装立体裁剪的技巧，设计出独具特色的优秀作品。

## 第一节　直身裙立体裁剪

### 一、款式分析

直身裙又叫筒裙或一步裙，是半身裙装中最基本的款式。其特点是腰部收省，臀部较为合体，裙摆与臀部的围度基本相同，是一款比较修身的裙型，其他款式的半身裙都在此裙型的基础上演变而来（见图5-1）。

### 二、准备坯布

（1）撕掉坯布的布边。

（2）测量臀围长度的1/2，再加宽10 cm。

（3）沿坯布直纱方向，从臀围位置取裙长尺寸，再增加10 cm。

（4）沿横纱撕掉多余坯布。

（5）在坯布纵向布边约2.5 cm的位置绘制一条垂直辅助线，作为前中线。

（6）过前中心线顶端下22 cm绘制水平线，作为臀围线（见图5-2）。

### 三、立体裁剪步骤

（1）将准备好的坯布的前中线、侧缝线、后中线、臀围线分别对准人台相应的标志线，依次固定前中心线上的腰围点、臀围点、侧缝臀围点，保证坯布与人台标志线重合，坯布丝缕方向横平竖直。注意臀围留松量（见图5-3至图5-5）。

（2）前片收取省道：将前腰多余的布料分为两个省量捏省，留意省道位置、大小、方向、均衡、美观（见图5-6）。

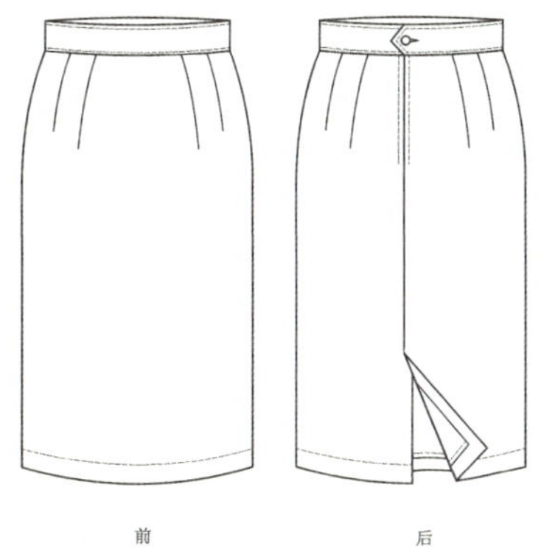

图5-1

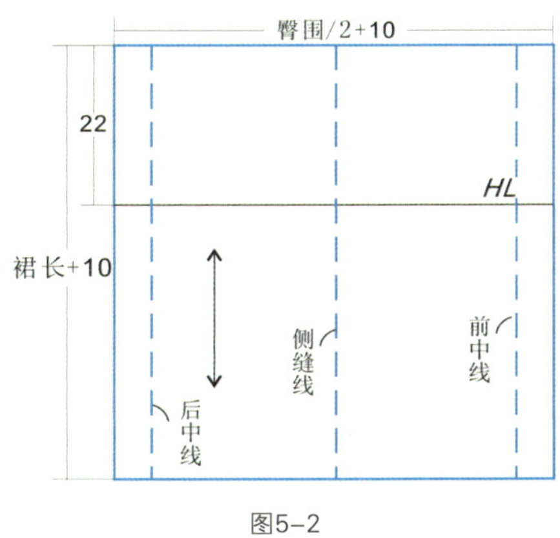

图5-2

（3）后片收取省道：将后腰多余的布料分为两个省量捏省，留意省道位置、大小、方向、均衡、美观（见图5-7）。

（4）收侧缝：侧缝线在臀围线上贴合身体，将臀围线以上多余的量在腰位别好，臀围线下垂直于地面（见图5-8）。

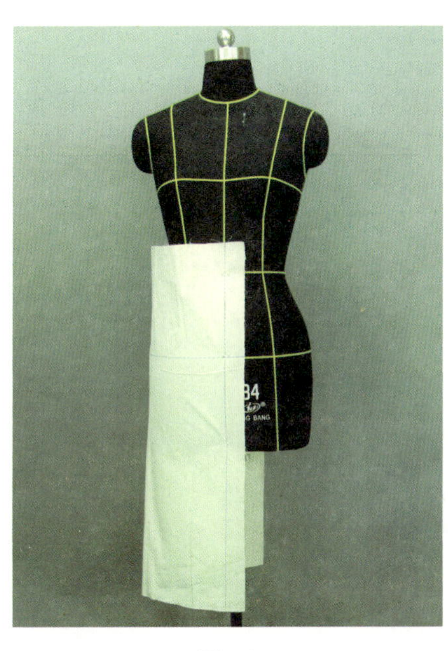
图5-3

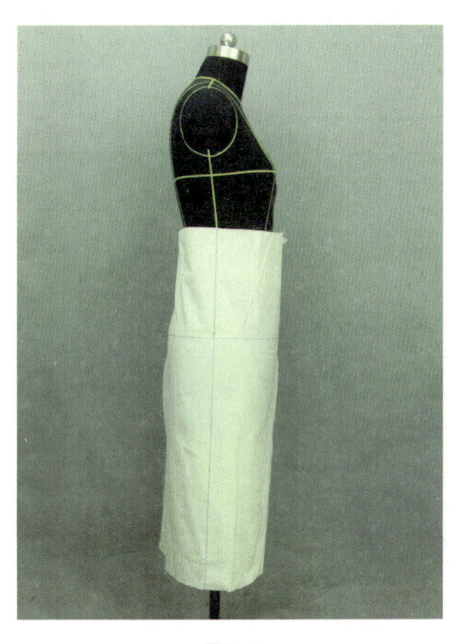
图5-4

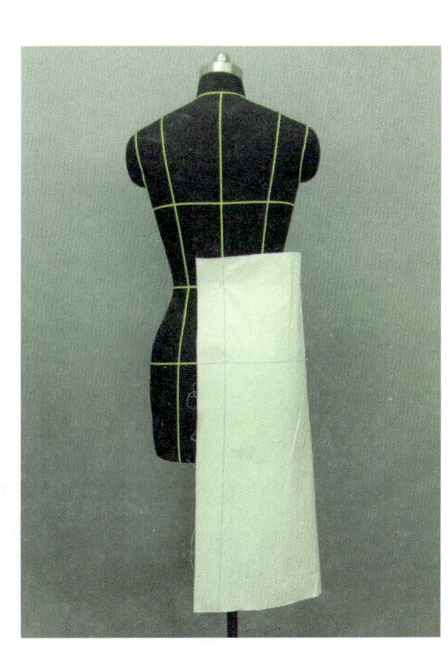
图5-5

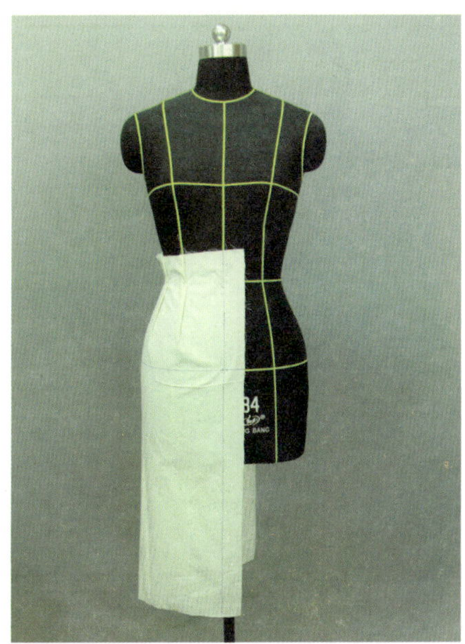
图5-6

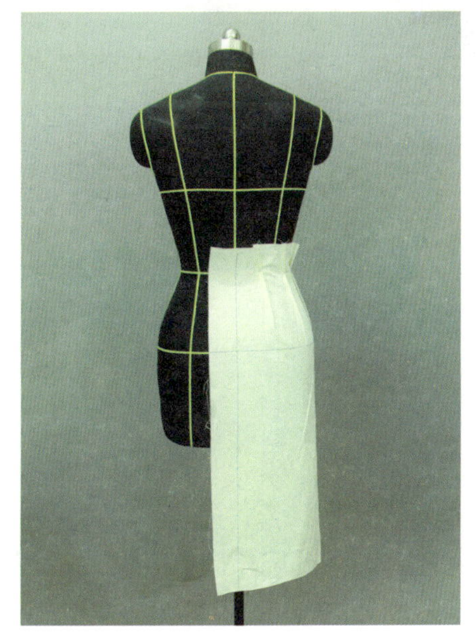
图5-7

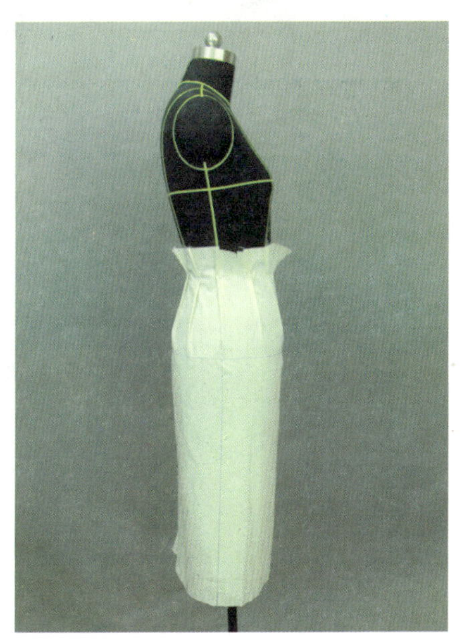
图5-8

## 四、校正

（1）在裙片侧缝线、腰围线、省道、对位点、裙长等部位进行标记。

（2）用尺子连接各标记点，注意侧缝弧线要圆顺。

（3）校正腰口弧线前后是否流畅。

（4）校正裙摆宽度与臀围宽度是否一致。

（5）最终完成的裙片样板如图5-9所示。

## 五、直身裙其他款式

直身裙其他款式如图5-10至图5-13所示。

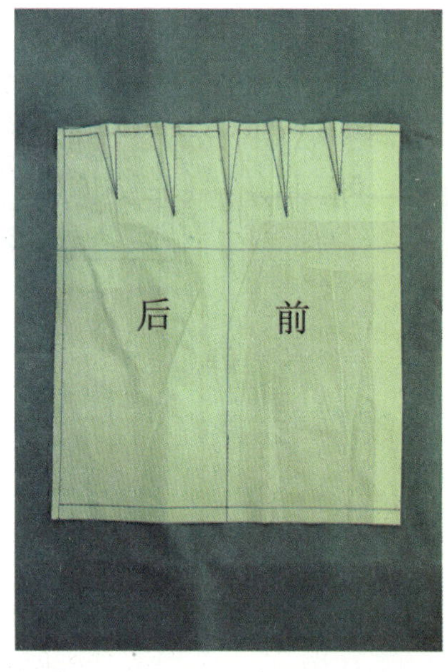


图5-9

图5-10

图5-11

图5-12

图5-13

## 第二节 喇叭裙立体裁剪

### 一、款式分析

喇叭裙腰部无省道，外形上小下大呈放射状，垂挂下来形成波浪裙摆，下摆有平齐的圆形（见图5–14）。喇叭裙的廓形受面料性能的影响较大。使用针织面料、雪纺绸和绉绸能够制作出轻盈飘逸的喇叭裙，而用棉质及密度较大的毛质等厚重硬挺的面料则易于制作硬朗的造型。喇叭量的大小及纱向等元素也会影响裙子的造型效果。下面以前中心为直纱的喇叭裙为例，用立体裁剪的方法制作喇叭裙。

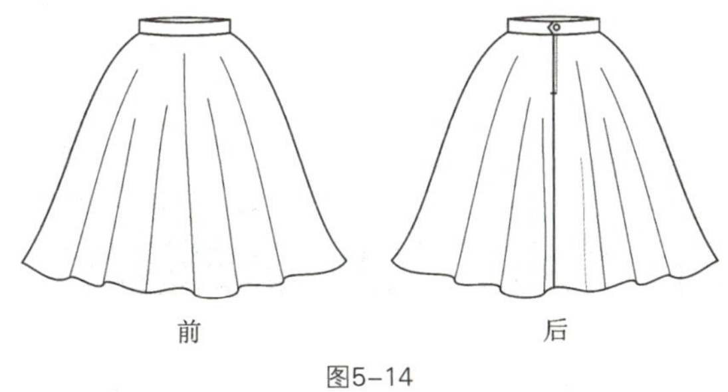


图5–14

图5–15

图5–16

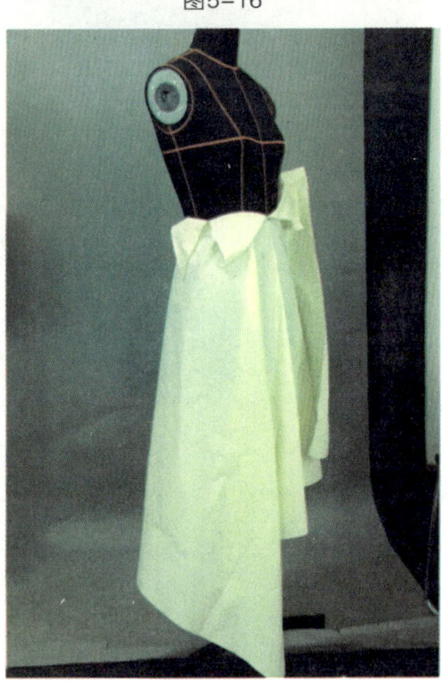

图5–17

### 二、准备坯布

（1）坯布长度取裙长+20 cm。

（2）宽度取幅宽（约150 cm）。

（3）在中间绘制垂直线作为前中线。

（4）取裙长+5 cm，由底边向上绘制水平线作为腰围线。

### 三、立体裁剪步骤

（1）在前中心线与腰围线、臀围线和人台底端边缘线相交的位置分别扎针固定，将多余的布量全部留在腰围线以上（见图5–15）。

（2）在前中、侧腰上分别打剪口，距离腰围线1 cm左右（见图5–16和图5–17）。

（3）分别将腰围线前中心点至侧腰之间的中心位置扎针固定在人台上。也可多固定几个点，每个点代表下摆起浪的开始点。

（4）从腰位固定点开始，分别朝着侧缝线和前中心线方向做喇叭起浪的造型（见图5–18和图5–19）。

### 四、校正

（1）将裙片侧缝线、腰围线、裙长线用铅笔做好标记（见图5–20）。

（2）修剪裙子下摆，使之与地面平行。

（3）取下裙片，用尺子将各标记点圆顺连接。

（4）检查前后侧缝长度是否一致。

（5）检查腰口弧线前后是否流畅。

（6）检查脚边线条是否圆顺流畅（见图5–21）。

（7）最终完成样板如图5–22所示。

图5-18

图5-19

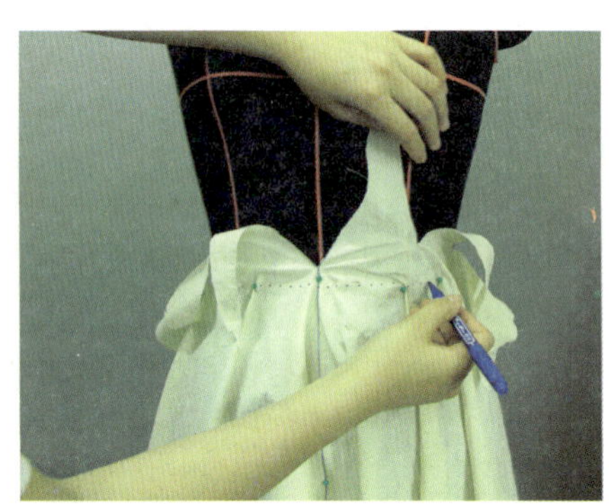
图5-20

图5-21

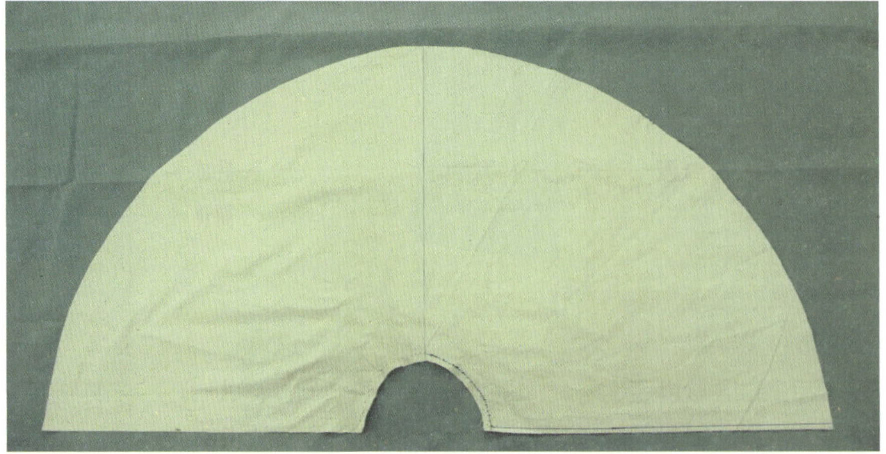
图5-22

## 五、喇叭裙其他款式

喇叭裙其他款式如图5-23至图5-26所示。

图5-23

图5-24

图5-25

图5-26

# 第三节　陀螺裙立体裁剪

## 一、款式分析

陀螺裙造型比较别致，呈倒锥型，臀部造型丰满，越往下摆处越紧窄（见图5-27）。通常采用硬挺的面料来增强这种特殊的造型效果，而较为贴身的面料能够塑造出希腊式的着装效果。

## 二、准备坯布

（1）右前片坯布长度取裙长+20 cm。

（2）宽度取1/4臀围+15 cm。

（3）距边5 cm绘制右侧缝线。

（4）取坯布顶边下15 cm+18 cm绘制水平线作为臀围线（见图5-28）。

图5-27

图5-28

## 三、立体裁剪步骤

（1）左前片、后片参照直身裙的制作方法（见图5-29和图5-30）。

（2）将右前片坯布放在人台上，在侧缝与臀围线和人台底边线的交点处扎针固定。

（3）将另一侧面料向上提，使余量集中到该侧的侧缝线或腰围线位置。

（4）捏褶，使褶痕方向一致（见图5-31）。

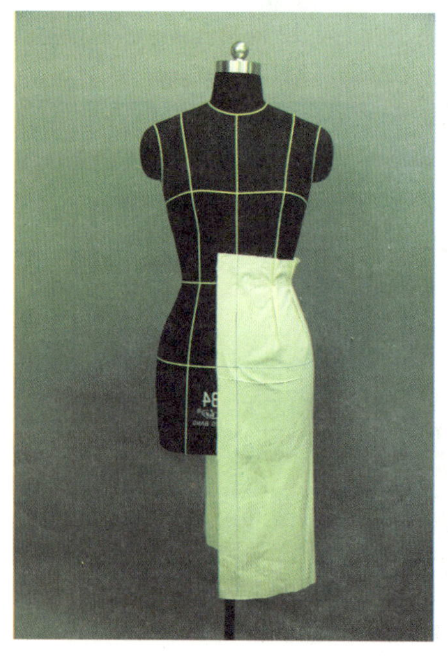

图5-29

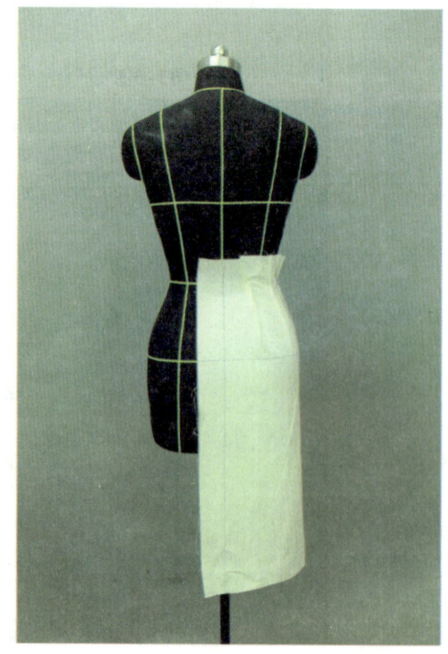

图5-30

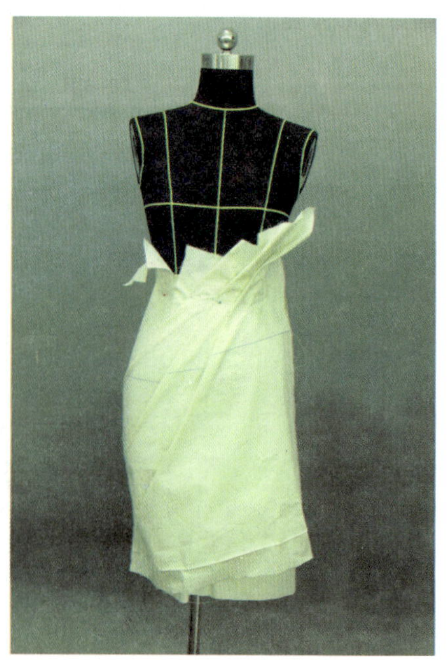

图5-31

（5）用胶带标记出前中弧线（见图5-32）。

## 四、校正

（1）将裙片侧缝线、腰围线、前中弧线用记号笔做好标记。

（2）修剪腰围线、右裙片前中弧线。

（3）检查前后侧缝长度是否一致。

（4）检查腰口弧线是否前后流畅。

（5）最终完成样板如图5-33和图5-34所示。

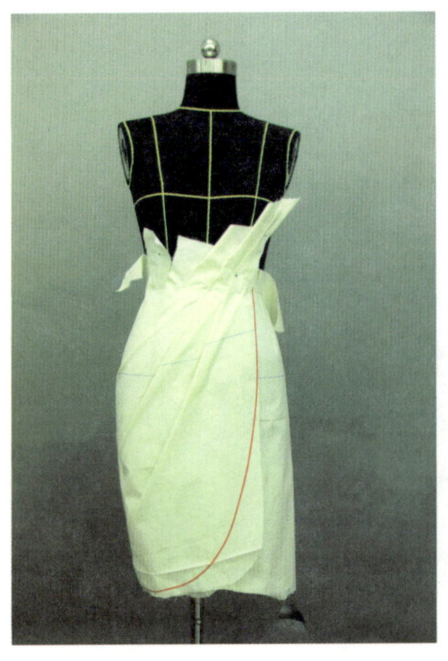

图5-32

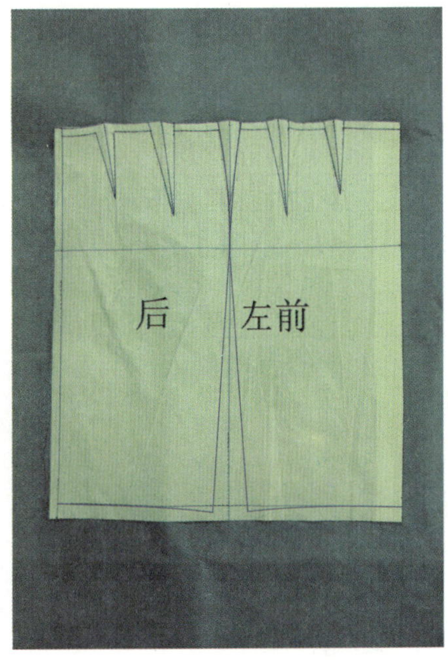


图5-33

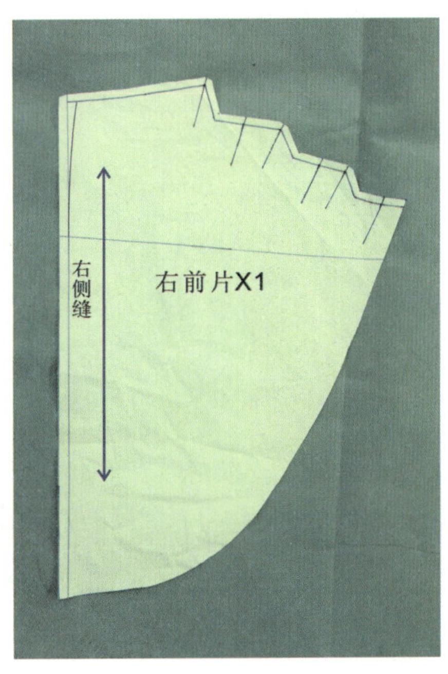


图5-34

## 五、陀螺裙其他款式

陀螺裙其他款式如图5-35和图5-36所示。

图5-35

图5-36

# 第四节　垂褶裙立体裁剪

## 一、款式分析

垂褶裙是一种变化裙款，其设计的重点是裙身两侧的立体廓形。它是一款仿建筑造型的造型，如图5-37所示。

## 二、准备工作

（1）前后中坯布长度取裙长+10 cm，宽度取1/4臀围+10 cm。

（2）绘制前、后中线。

（3）绘制腰围线和臀围线（见图5-38）。

（4）在人台上用胶带标记出侧边垂褶造型线（见图5-39）。

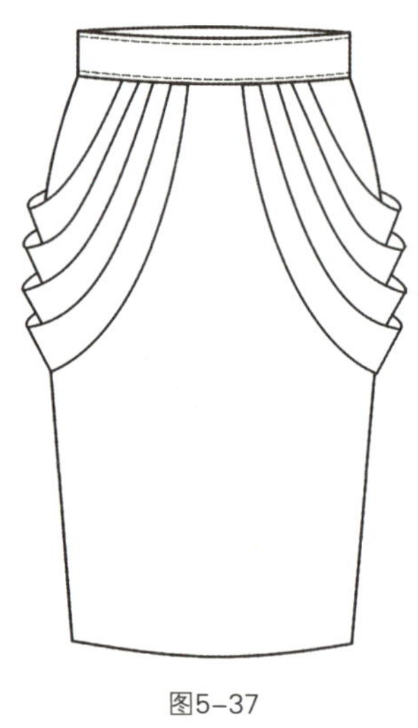

图5-37

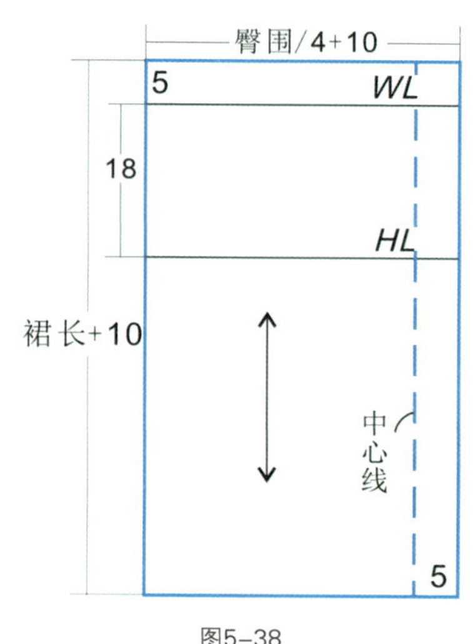


图5-38

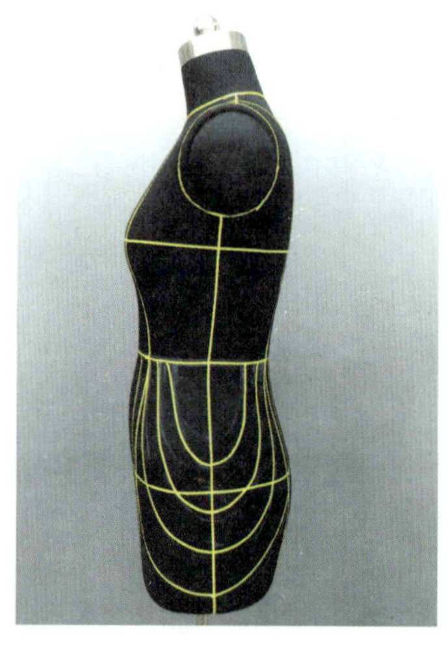

图5-39

## 三、立体裁剪步骤

（1）将前片坯布放置到人台上，在腰线前中、臀围线前中、人台底边前中扎针固定，沿侧边造型线点样，粗裁毛样（见图5-40）。

（2）将后片坯布放置在人台上，在腰线后中、臀围线后中、人台底边后中扎针固定，沿侧边造型线点样，粗裁毛样（见图5-41）。

（3）以前后片侧边弧形为基础粗裁侧片毛样。弧度打开越多，所形成的垂褶越大、越厚重（见图5-42和图5-43）。

（4）将侧片前、后腰位点、侧中底端位置扎针固定于人台上（见图5-44）。

（5）做裙子的垂褶（见图5-45至图5-47）。

## 四、校正

（1）在侧片的腰位点画标记。

（2）取下裁片，校正前后垂褶量是否一致。

（3）校正侧片弧线长度和前后片弧线长度是否吻合。

（4）用尺子连顺弧线。

（5）最终完成样板如图5-48所示。

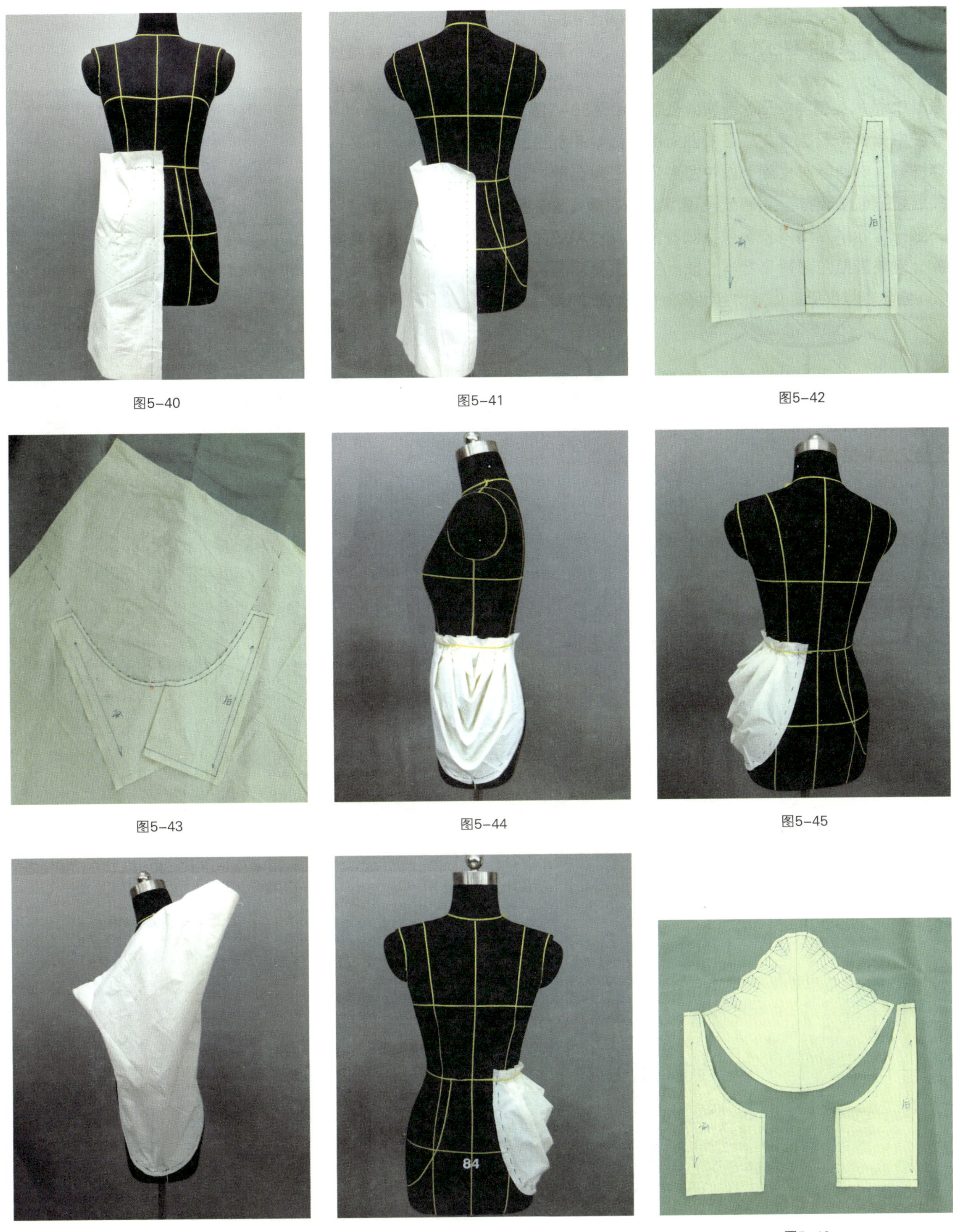

图5-40

图5-41

图5-42

图5-43

图5-44

图5-45

图5-46

图5-47

图5-48

## 五、垂褶裙其他款式

垂褶裙其他款式如图5-49至图5-51所示。

图5-49

图5-50

图5-51

## 本章小结

本章主要介绍了几款半身裙的立体裁剪方法。直身裙是半身裙的基本裙型，其他款式半身裙均由此裙型演变而来，在裁剪时既要看到它们的相同之处，也要注意它们的不同之处。直身裙立体裁剪时要注意腰部省道分布是否均匀合理。以前中为直纱的喇叭裙可以前、后一幅布，在侧缝装拉链；裙摆的起浪分布要均匀合理。陀螺裙臀部以上因为有褶量所以宽松多布，臀部以下渐渐收紧，立体裁剪时应根据款式轮廓调整褶量大小。垂褶裙在立体裁剪前，要根据每个褶的位置和大小预加布料余量。

## 思考与练习

1. 简述直身裙的造型特点，并自己动手设计制作1～2款直身裙。
2. 简述喇叭裙的造型特点，并自己动手设计制作1～2款喇叭裙。
3. 简述陀螺裙的造型特点，并自己动手设计制作1～2款陀螺裙。
4. 简述垂褶裙的造型特点，并自己动手设计制作1～2款垂褶裙。

直身裙（1）

直身裙（2）

直身裙（3）

# 第六章
## 成衣立体裁剪实例分析

◆本章导读

女式成衣立体裁剪是综合之前学过的立裁基本方法，通过分析服装款式的整体造型特点以及各个组成部分的特点，将分割、省道转移、抽褶等造型手法及各部件立体裁剪方法在具体服装款式实例上进行的综合运用和总结。本章对分割式女装、双层褶女装以及青果领女装进行了立体裁剪的分步指导，有效提高了学习者对于立体裁剪原理的深入认识和综合运用，有利于我们在服装立体裁剪中达到人体结构与形式美的完美统一。

## 第一节　分割式碎褶女上衣立体裁剪

### 一、款式分析

分割式碎褶女上衣款式如图6-1所示。

（1）前衣身：连立领、翻驳头领子造型，袖窿至腰节折线分割，胸部碎褶处理，腰部腰省分割，前中圆角双层下摆。

（2）后衣身：分割式立领，后中分割，左右后侧自领口向下摆做公主缝分割。

（3）袖子：两片式圆装袖，袖山头收褶处理。

图6-1

## 二、面料用料尺寸图

本款式主要由前中片、前侧片、后侧片、后中片、前三角片、前下摆片、后领片、驳领片、大袖片、小袖片组成。将各布料裁片对应的中线、胸围线、腰围线以及参考线绘制在布料上，如图6-2所示。

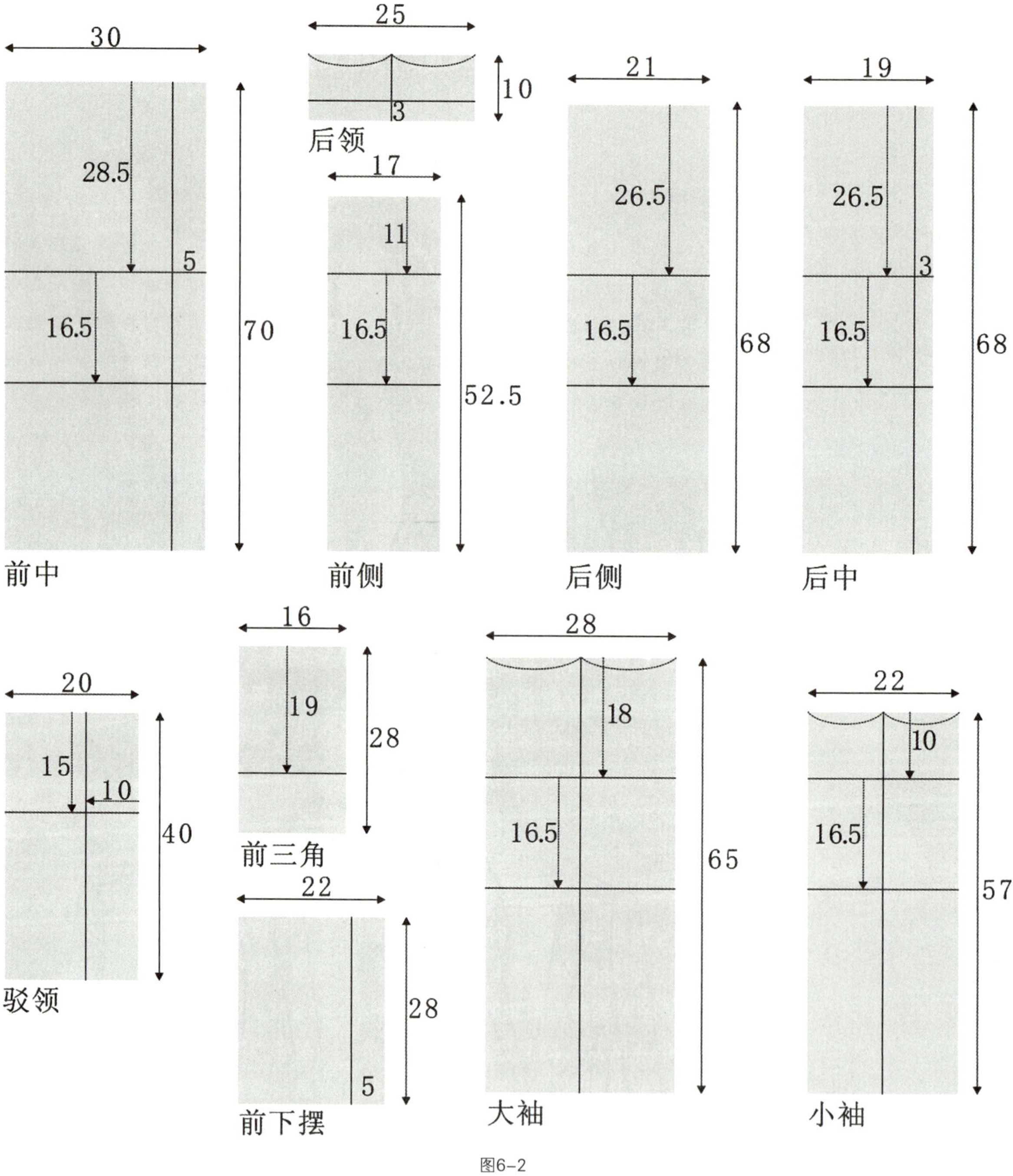


图6-2

## 三、成衣立体裁剪

### 1. 衣身立体裁剪

（1）前衣身立体裁剪。

①固定前片下摆的前中线，用标记线贴出前下摆结构线，修剪多余布料（见图6-3和图6-4）。

②固定前中线、胸围线、腰围线，保持胸围线、腰围线与人体标记线吻合。沿前下摆标记线固定下摆造型，将胸围线与肩线区域多余量推平，余量全部推至腋下；固定肩线、领口、前中线，用标记线贴出前中结构线（见图6-5至图6-7）。

③将所有胸省量集中至前中片腋下，做碎褶处理。用标记带贴出前中片结构线，修剪多余布料（见图6-8和图6-9）。

④固定前片三角裁片位置，用标记带贴出三角裁片结构，修剪多余布料（见图6-10和图6-11）。

⑤固定前侧片胸围线、腰围线，预留一定的松量，用标记带贴出侧片结构，修剪多余布料（见图6-12和图6-13）。

（2）后衣身立体裁剪。

①使后中片胸围线、腰围线与人台标记线吻合，并将裁片固定于人台上。根据款式结构用标记带贴出后中片造型线，修剪多余布料（见图6-14至图6-16）。

②固定后侧片胸围线、腰围线，对照款式结构用标记带贴出后侧片结构造型线，修剪多余布料（见图6-17至图6-19）。

图6-3

图6-4

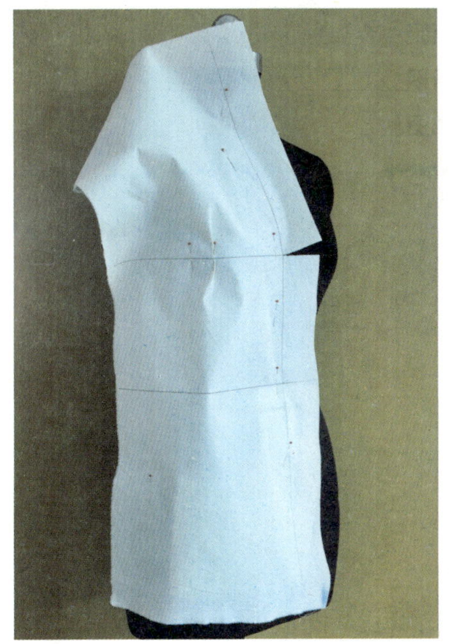

图6-5

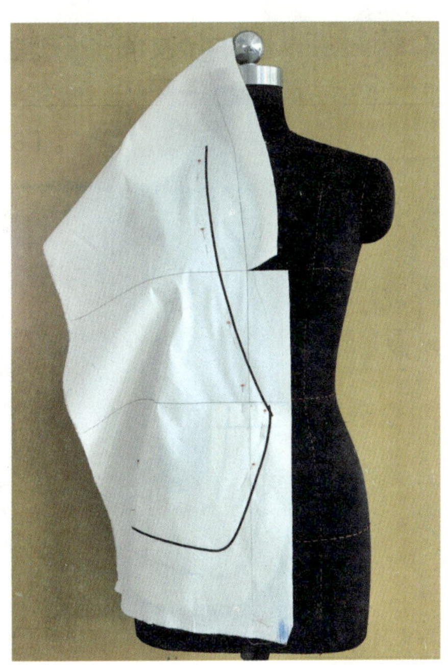

图6-6

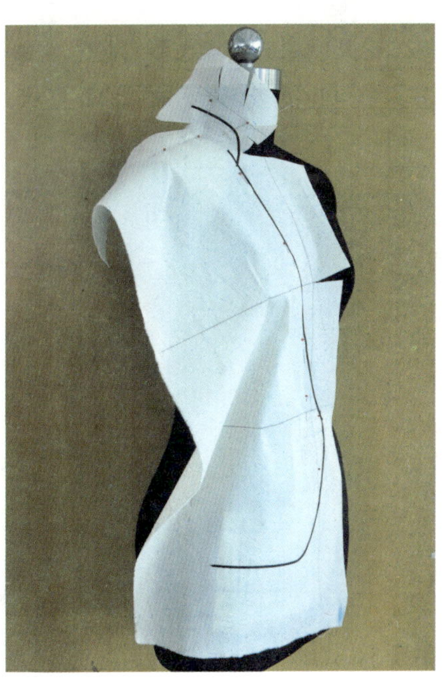

图6-7

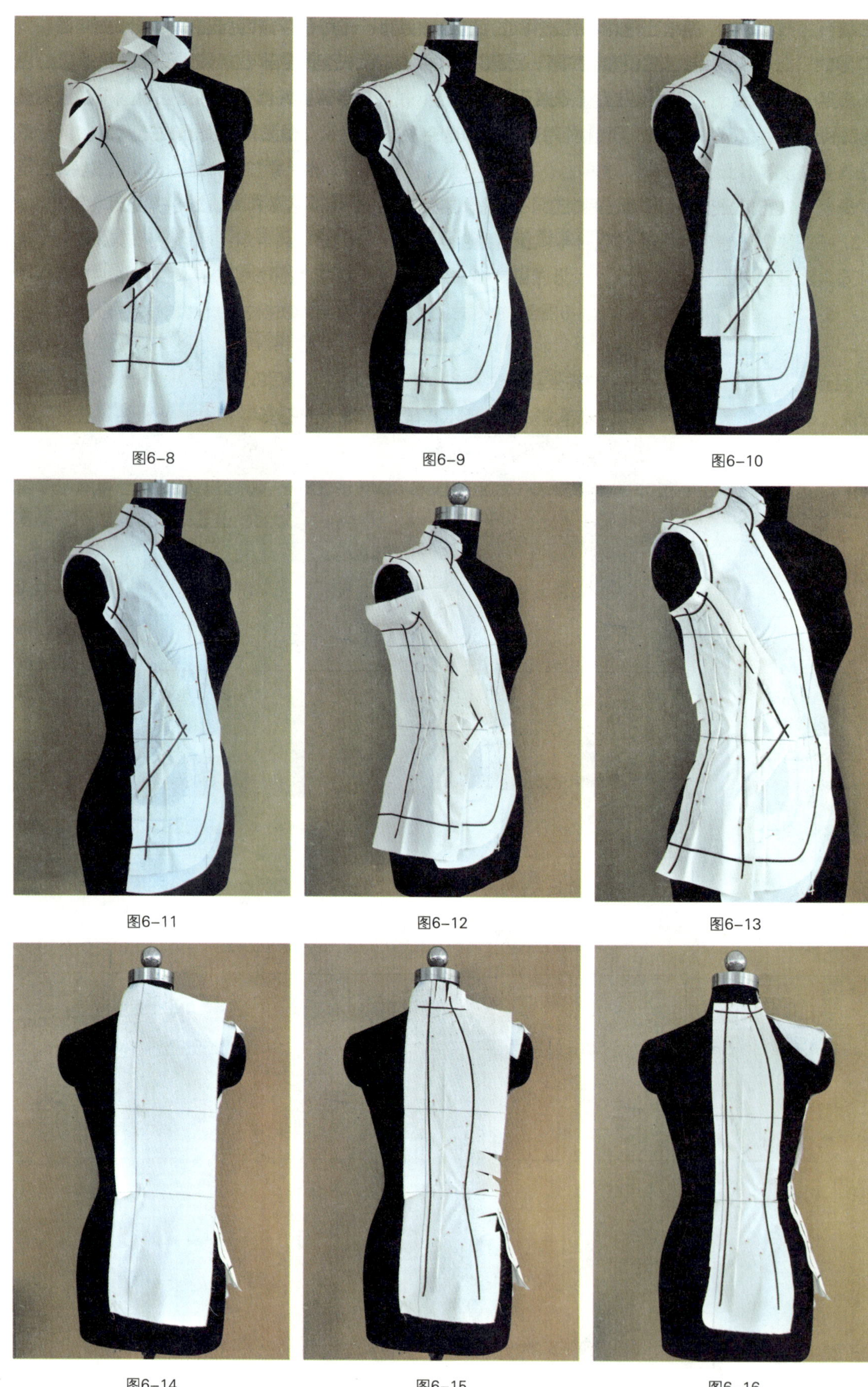

图6-8 图6-9 图6-10

图6-11 图6-12 图6-13

图6-14 图6-15 图6-16

图6-17

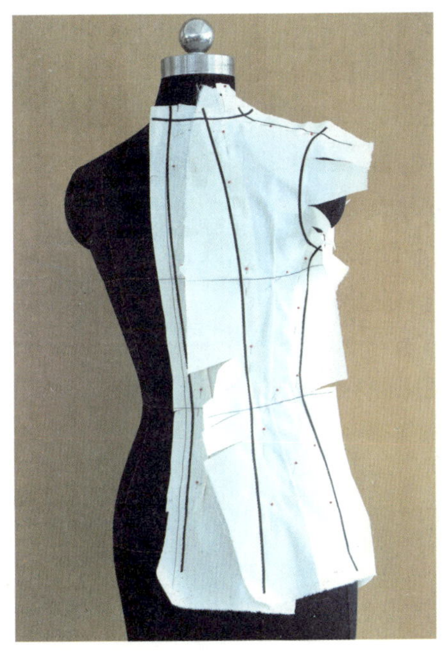
图6-18

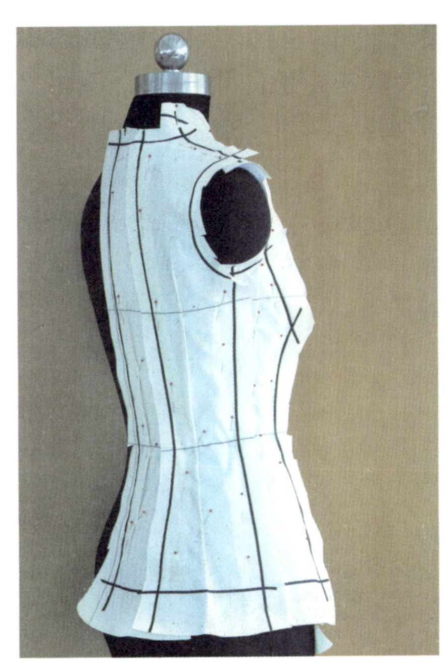
图6-19

### 2. 领、袖立体裁剪

（1）领子立体裁剪。

①固定后领中线，沿后领口弧线将领底弧线固定在领口上（见图6-20和图6-21）。

②反面固定驳领中线、胸围线，将布料沿翻折线反转，预留一定翻折量，用标记线贴出驳领造型线（见图6-22至图6-24）。

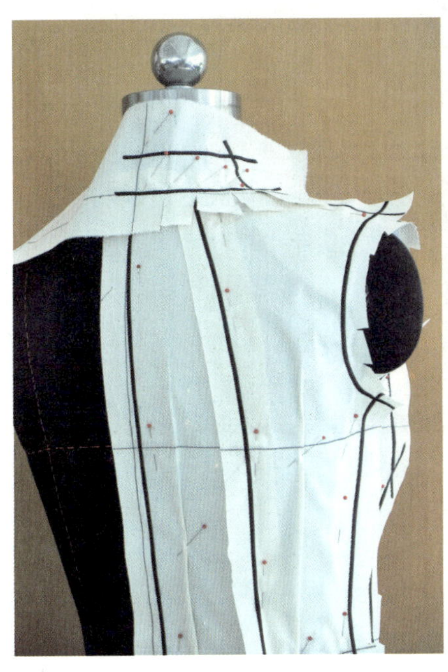
图6-20

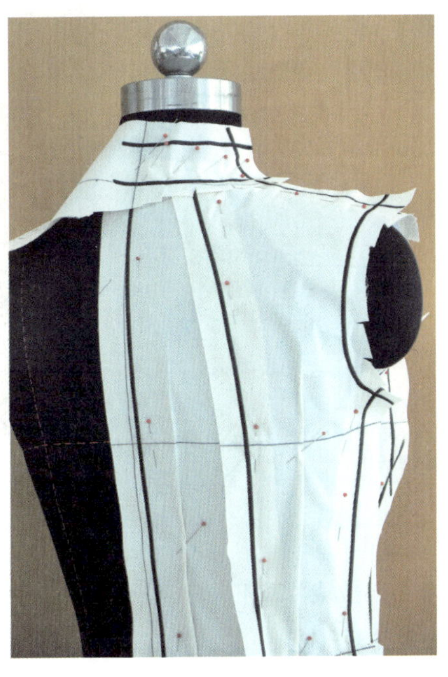
图6-21

图6-22

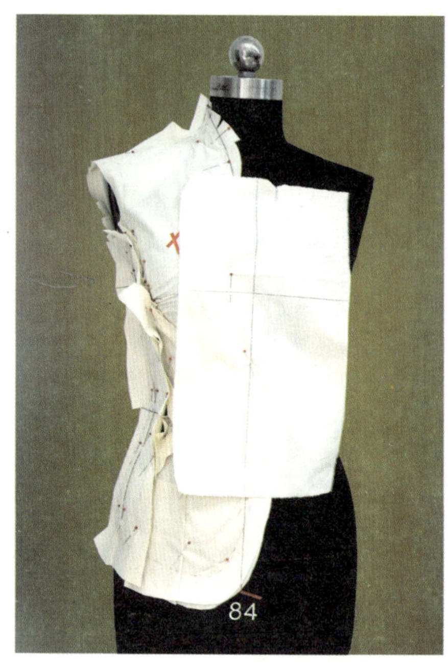

图6-23

图6-24

（2）袖子立体裁剪。

①参考两片袖结构绘制方法，绘出大小袖基础结构，并加放一定的缝份量，袖山头加放量较多（见图6-25）。

②将大小袖袖缝用珠针假缝，并将袖子固定在衣身上；将袖山与袖窿用珠针进行假缝，肩部余量参照款式图进行泡泡袖造型（见图6-26和图6-27）。

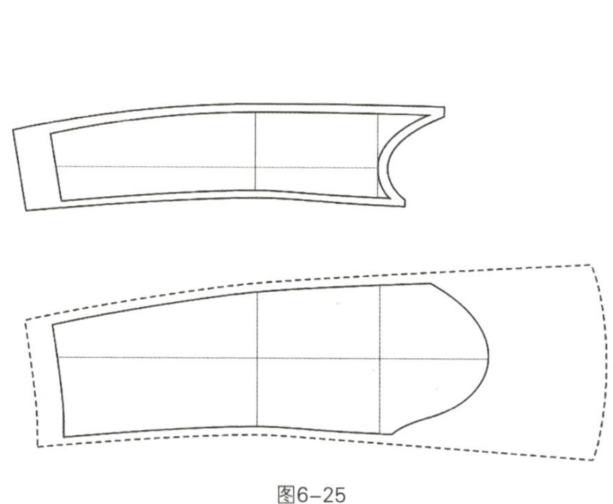
图6-25

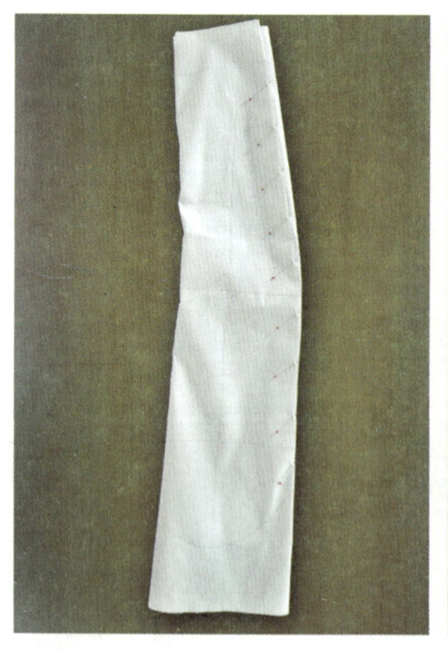
图6-26

图6-27

3. 裁片裁剪

（1）裁片修正。将各部位裁片取下，检查比对各个裁片是否吻合，并将需要修正的各部位进行修正调整（见图6-28至图6-30）。

（2）平面裁剪图如图6-31所示。成衣坯样完成效果如图6-32和图6-33所示。

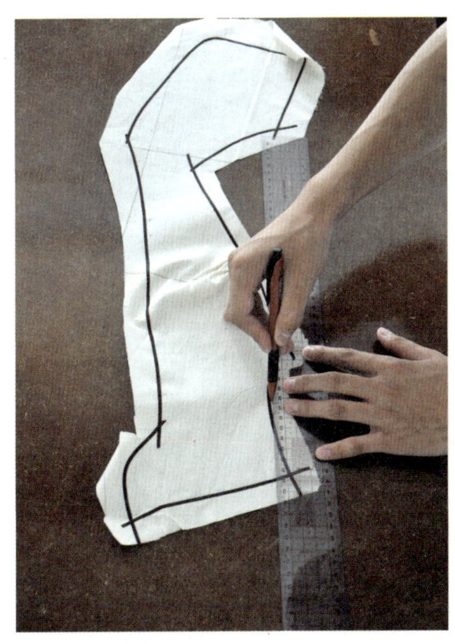
图6-28

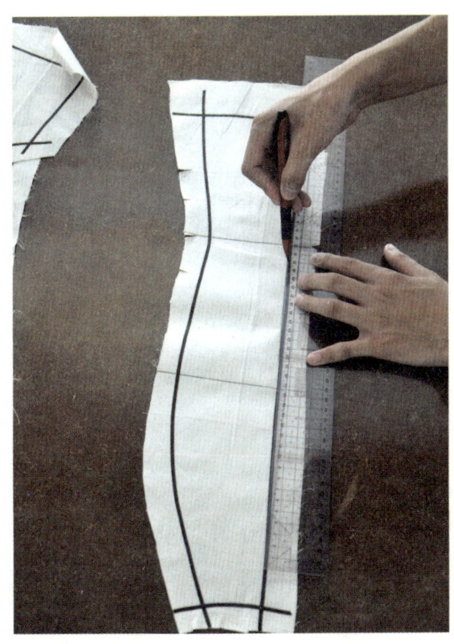
图6-29

图6-30

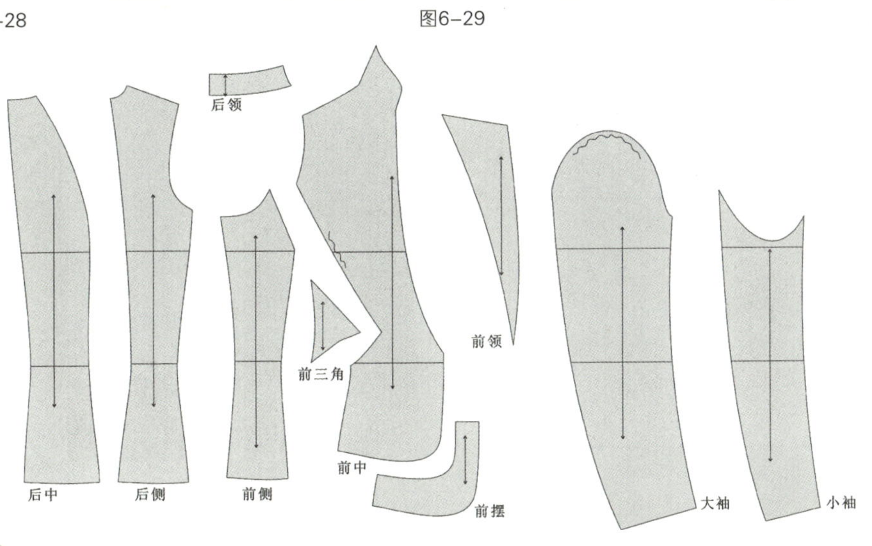

图6-31

图6-32

图6-33

## 第二节　双层褶下摆女上衣立体裁剪

### 一、款式分析

双层褶下摆女上衣款式如图6-34所示。

（1）前衣身：翻驳领，分割线经BP点，腰部分割，下摆双层收褶，V形领口。

（2）后衣身：后中分割，领口至腰节纵向分割，腰节横向分割，下摆双层收褶。

（3）袖子：两片式圆装袖，袖山头以肩线为中心前后各一个刀褶。

图6-34

### 二、面料用料尺寸图

该款式主要由后中上片、后侧上片、后中下片、后侧下片、前中上片、前侧上片、前下装饰片、翻领、大袖片、小袖片组成。将各布料裁片对应的中线、胸围线、腰围线以及参考线绘制在布料上，如图6-35所示。

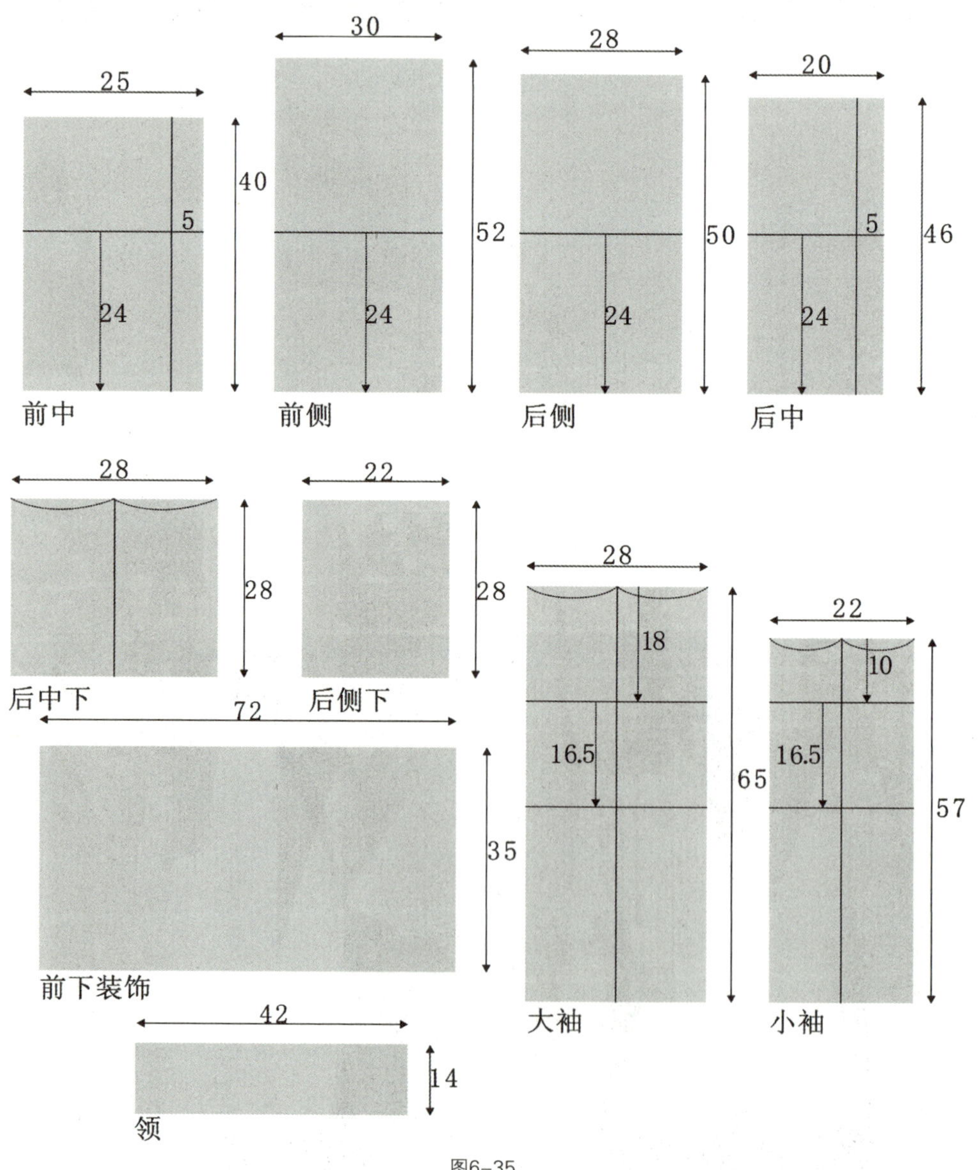


图6-35

## 三、成衣立体裁剪

### 1. 衣身立体裁剪

（1）固定前中上片前中线、胸围线，用标记线贴出裁片结构线，修剪多余布料（见图6-36和图6-37）。

（2）将前侧上片胸围线、腰围线与人台重合固定，将肩部及腰部余量处理平整，用标记带贴出裁片结构（见图6-38和图6-39）。

（3）确定前片驳头翻折线，将驳头翻转，用标记带标记出驳头结构（见图6-40和图6-41）。

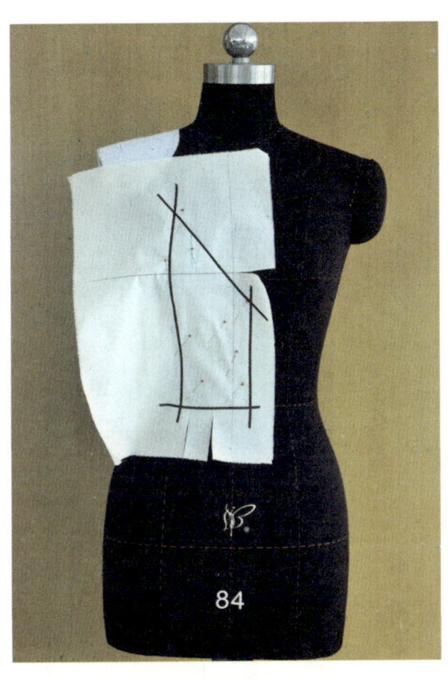


图6-36

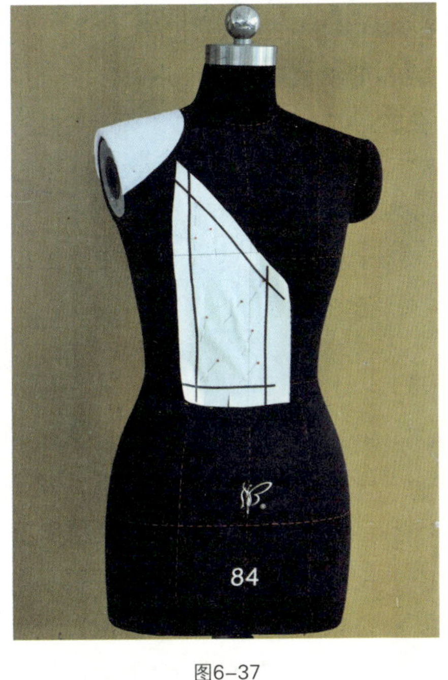


图6-37

图6-38

图6-39

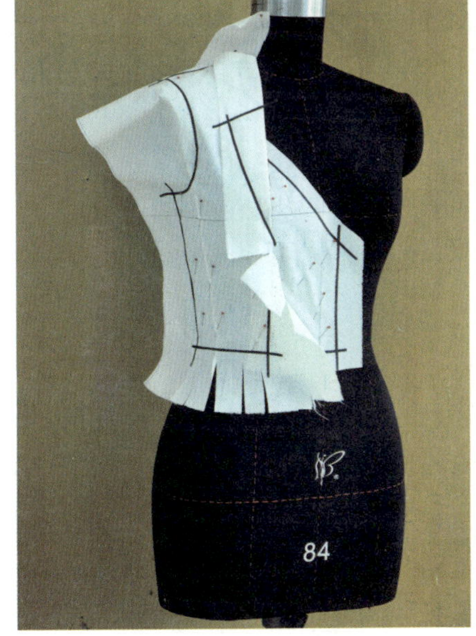


图6-40

图6-41

（4）将后侧上片胸围线、腰围线与人台标记线重合固定，将余量推平整，用标记带标记出裁片结构（见图6-42至图6-44）。

（5）将后中上片胸围线、腰围线与人台标记线重合固定，将余量推平整，用标记带标记出裁片结构（见图6-45至图6-47）。

（6）将后中下片中线与人台标记线重合固定，参照款式结构用标记带标记出裁片结构（见图6-48和图6-49）。

（7）将后侧下片固定于人台，保持布料平整，参照款式结构用标记带标记出裁片结构（见图6-50至图6-52）。

图6-42

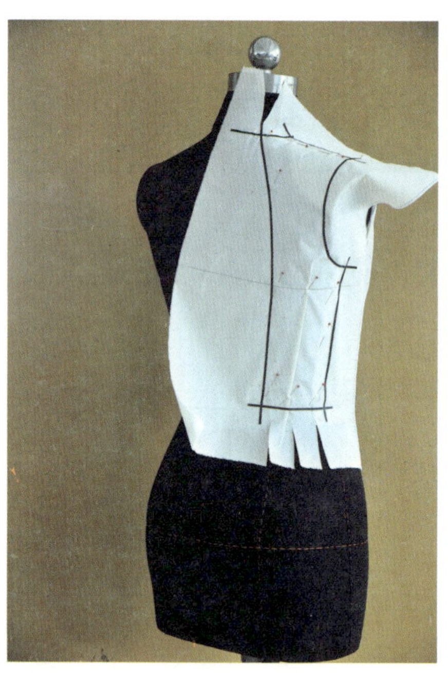

图6-43

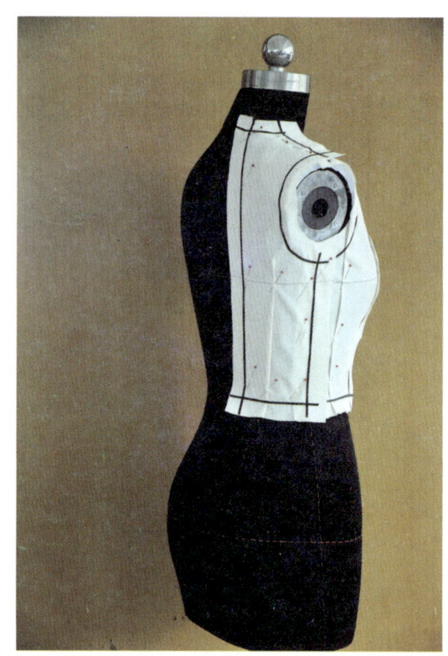

图6-44

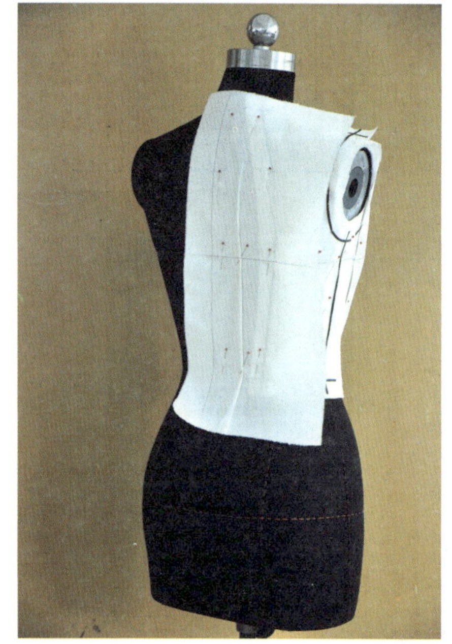

图6-45

图6-46

图6-47

图6-48

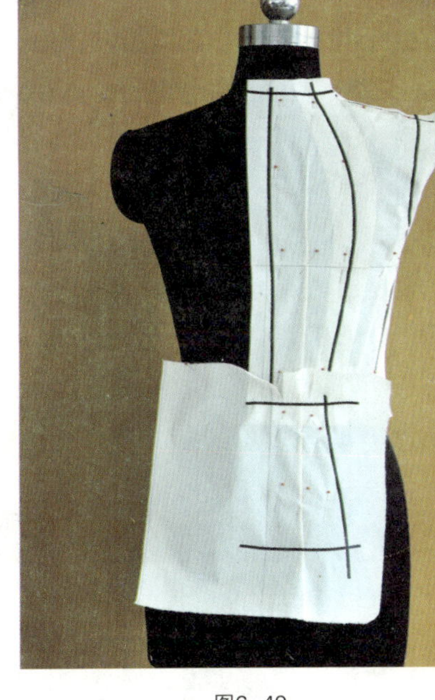
图6-49

图6-50

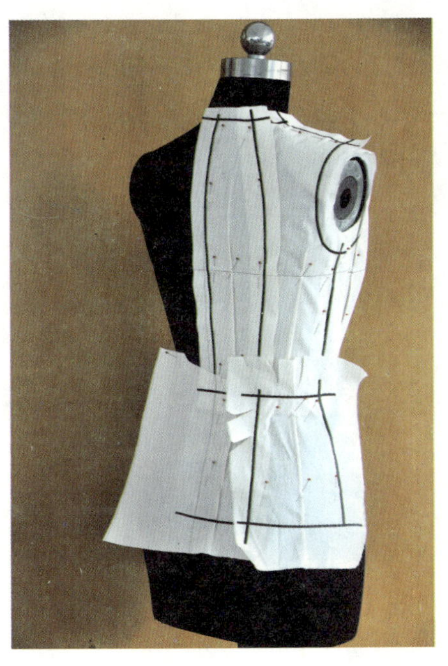
图6-51

图6-52

（8）将前下片固定在人台上，先根据款式图确定底层结构，用标记带标记出造型结构（见图6-53和图6-54）。

（9）将多余布料沿标记线往侧缝折转，参照款式图确定褶裥位置、大小，用标记带标记出裁片结构（见图6-55至图6-57）。

### 2. 领子立体裁剪

（1）固定后领中线，用珠针沿后领弧线固定领底弧线，确保领子有足够的倒伏量，将领子延伸至驳头处（见图6-58至图6-60）。

图6-53

图6-54

图6-55

图6-56

图6-57

图6-58

图6-59

图6-60

（2）在确保领子能够顺利翻折的情况下，用标记带标记出翻领造型结构线（见图6-61至图6-63）。

### 3. 袖子立体裁剪

（1）参考两片袖结构绘制方法，将大小袖基础结构绘出，并加放一定的缝份量，袖山头加放量较多（见图6-64）。

（2）将大小袖袖缝用珠针假缝，并将袖子固定在衣身上，将袖山与袖窿用珠针进行假缝（见图6-65和图6-66）。

图6-61

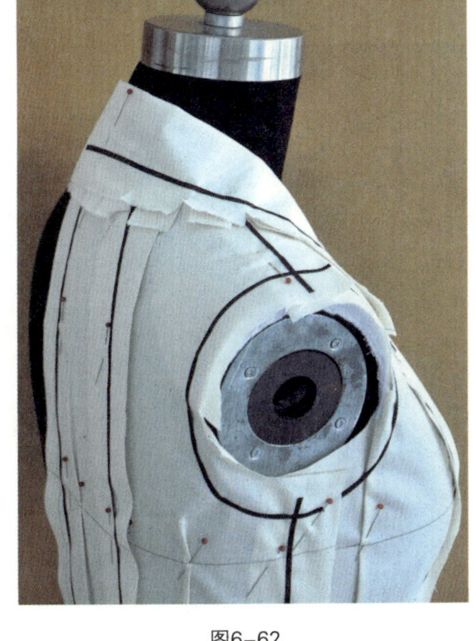

图6-62

图6-63

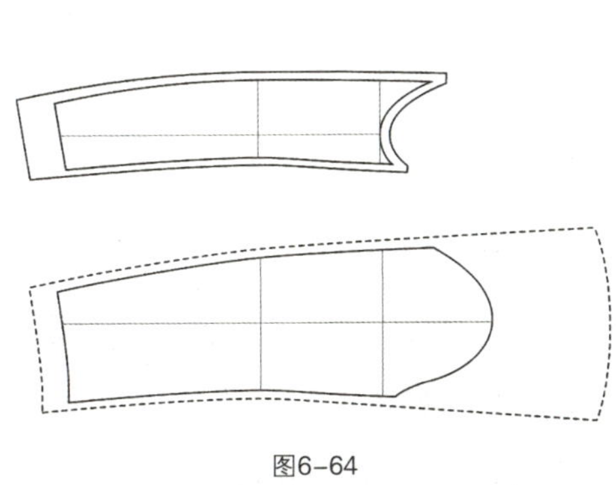

图6-64

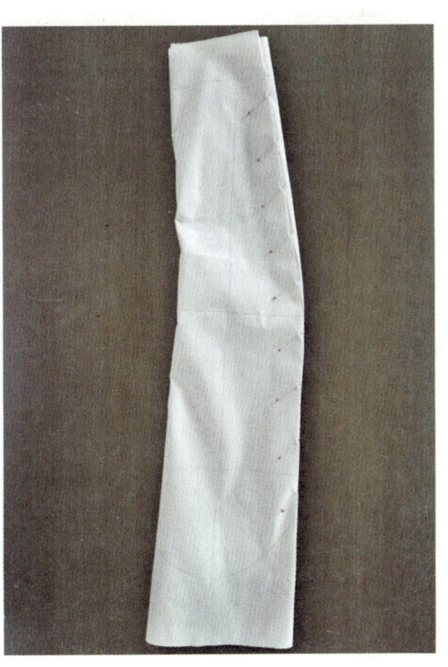

图6-65

图6-66

（3）将肩部多余量参照款式图折叠成褶裥（见图6-67至图6-69）。

## 四、裁片裁剪

（1）裁片修正。将各部位裁片取下，检查、比对各个裁片是否吻合，并将需要修正的各部位进行修正调整（见图6-70至图6-72）。

（2）平面裁剪图如图6-73所示。成衣坯样完成效果如图6-74和图6-75所示。

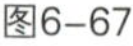
图6-67

图6-68

图6-69

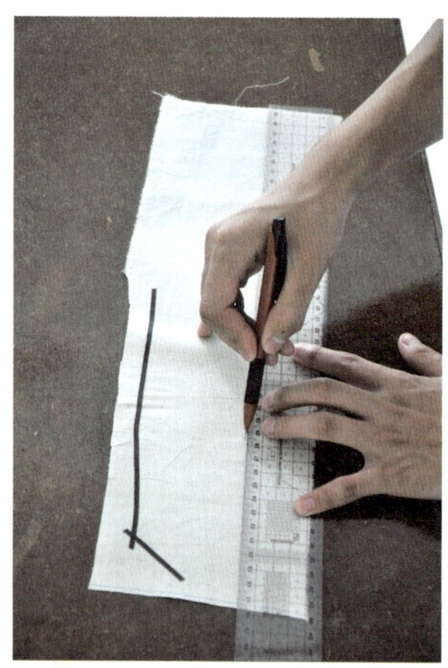
图6-70

图6-71

图6-72

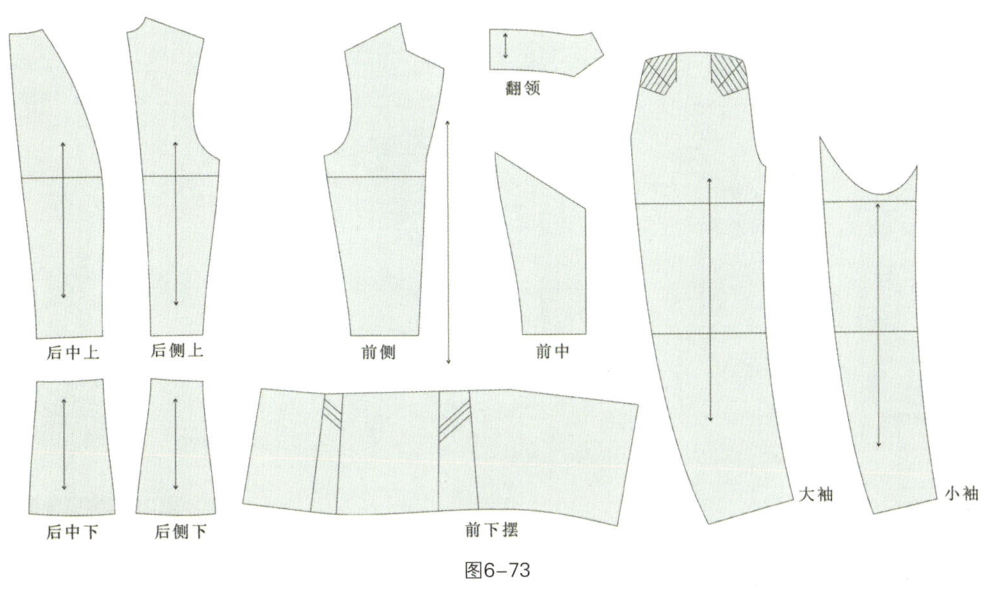


图6-73

图6-74

图6-75

## 第三节　青果领上衣立体裁剪

### 一、款式分析

青果领上衣款式如图6-76所示。

（1）前衣身：分割式青果领，前胸折线分割，腰侧刀背分割，下摆刀褶。

（2）后衣身：后中分割，领口至腰节纵向分割。

（3）袖子：两片式圆装袖，袖山头内工字褶。

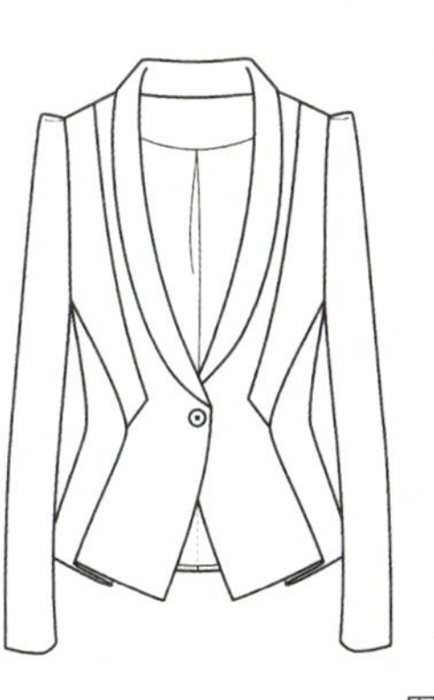

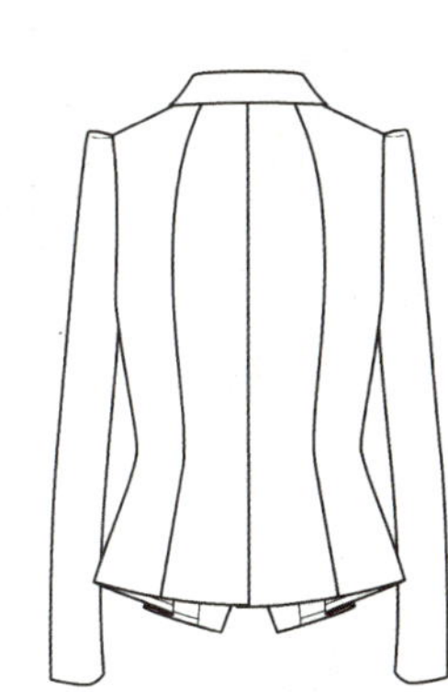

图6-76

### 二、面料用料尺寸图

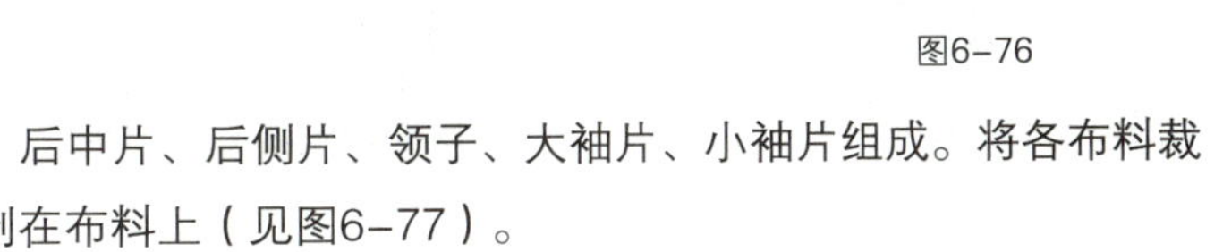

本款式主要由前中片、前侧上片、前侧片、后中片、后侧片、领子、大袖片、小袖片组成。将各布料裁片对应的中线、胸围线、腰围线以及参考线绘制在布料上（见图6-77）。

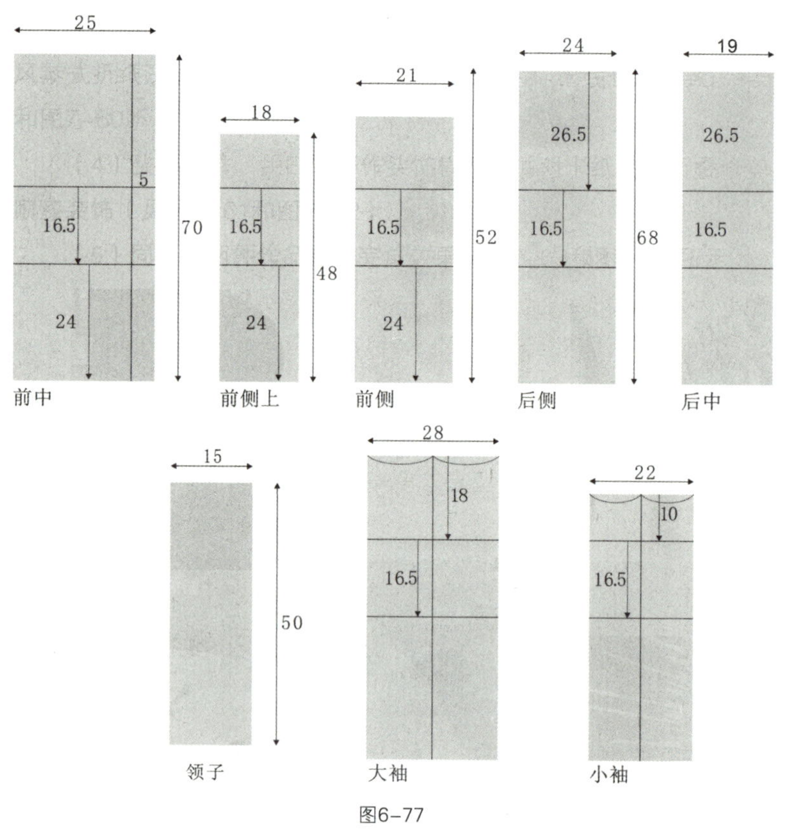


图6-77

## 三、立体裁剪步骤

### 1. 衣身立体裁剪

（1）固定前中上片前中线、胸围线，用标记带标记出裁片结构线，修剪多余布料，注意前下摆褶量的大小与位置（见图6-78和图6-79）。

（2）将前侧上片胸围线、腰围线与人台重合固定，将肩部及腰部余量处理平整，用标记带标记出裁片结构（见图6-80和图6-81）。

图6-78

图6-79

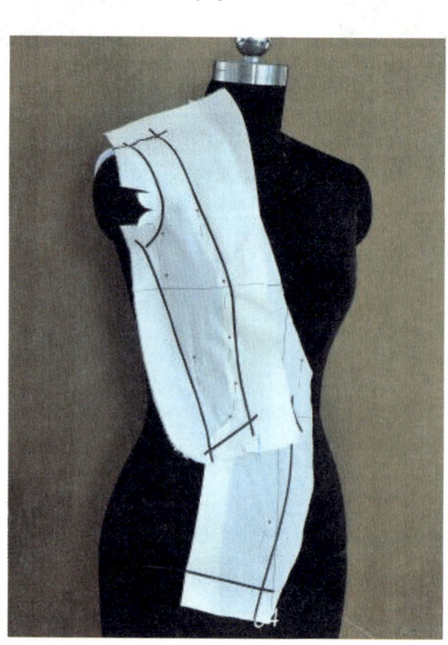

图6-80

图6-81

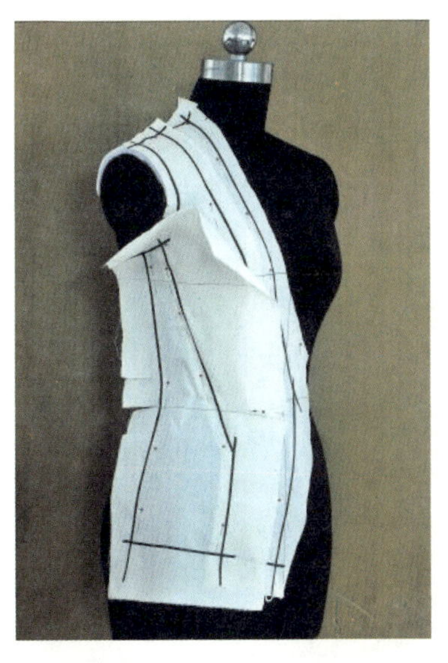

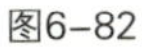

图6-82

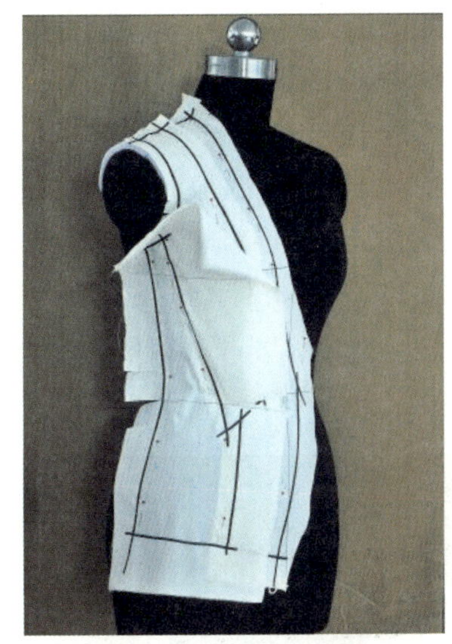

图6-83

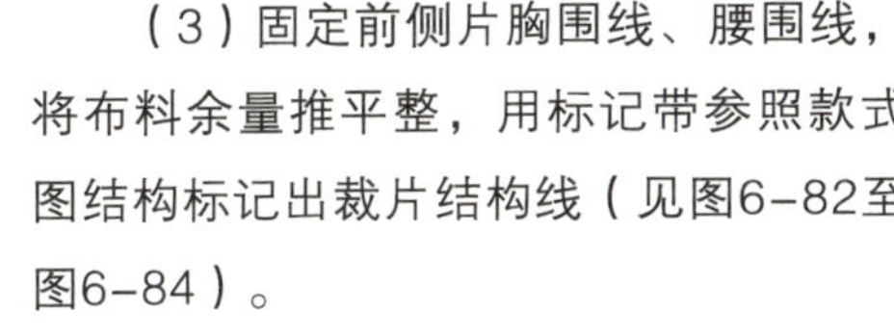

（3）固定前侧片胸围线、腰围线，将布料余量推平整，用标记带参照款式图结构标记出裁片结构线（见图6-82至图6-84）。

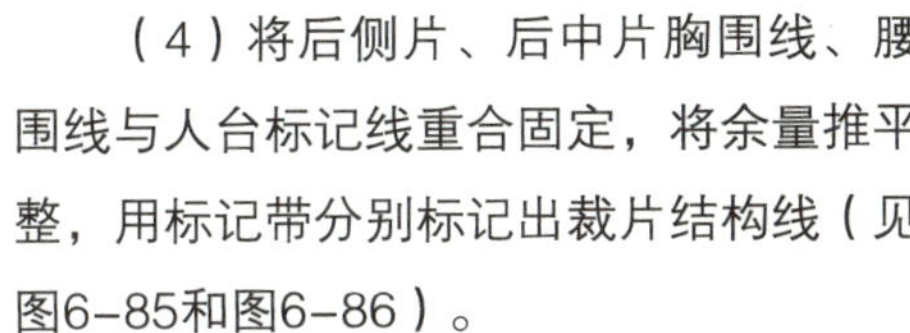

（4）将后侧片、后中片胸围线、腰围线与人台标记线重合固定，将余量推平整，用标记带分别标记出裁片结构线（见图6-85和图6-86）。

2. 领子立体裁剪

（1）固定后领中线，用珠针沿后领弧线固定领底弧线，确保领子有足够的倒伏量，将领子延伸至前中装领点（见图6-87至图6-89）。

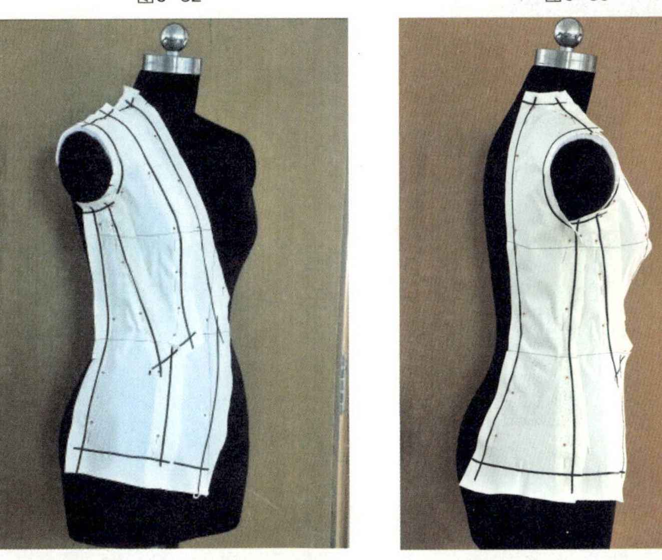

图6-84

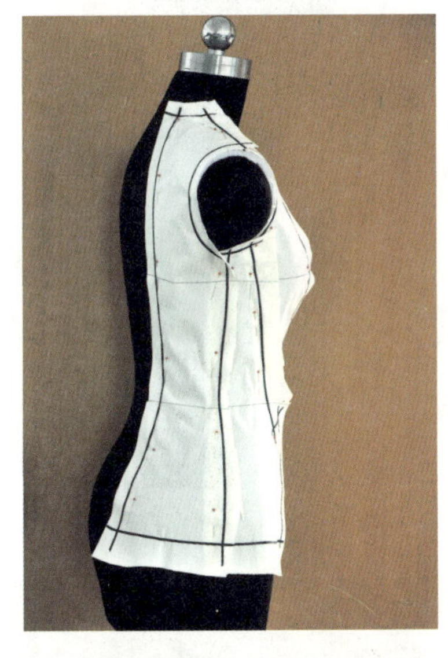

图6-85

图6-86

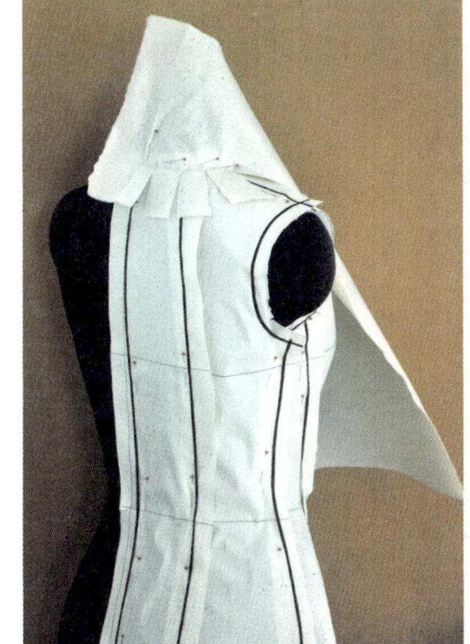

图6-87

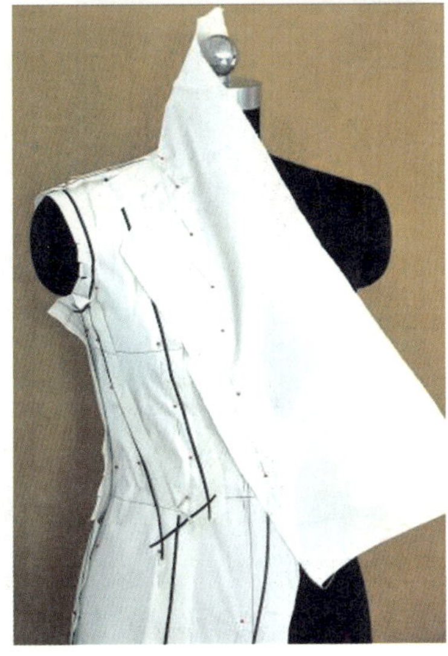

图6-88

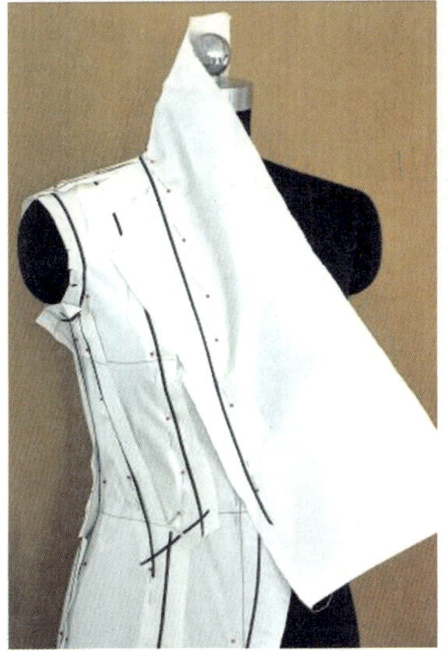

图6-89

（2）在确保领子能够顺利翻折的情况下，用标记带标记出翻领造型结构线（见图6-90和图6-91）。

### 3. 袖子立体裁剪

（1）参考两片袖结构绘制方法，将大小袖基础结构绘出，并加放一定的缝份量，袖山头加放量较多（见图6-92）。

（2）将大小袖袖缝用珠针假缝，并将袖子固定在衣身上，将袖山与袖窿用珠针进行假缝（见图6-93和图6-94）。

（3）将肩部多余量参照款式图折叠成褶裥（见图6-95至图6-97）。

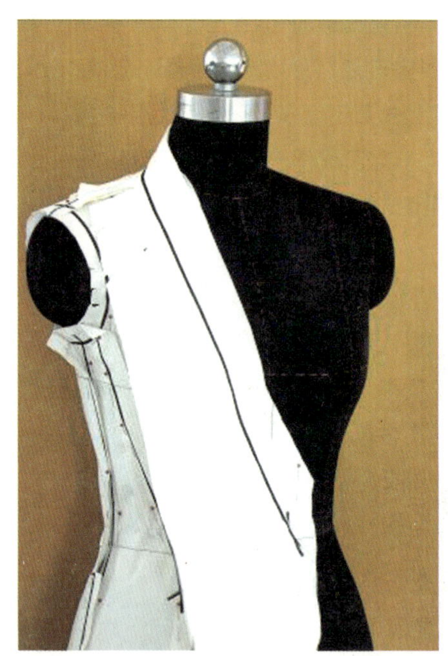

图6-90

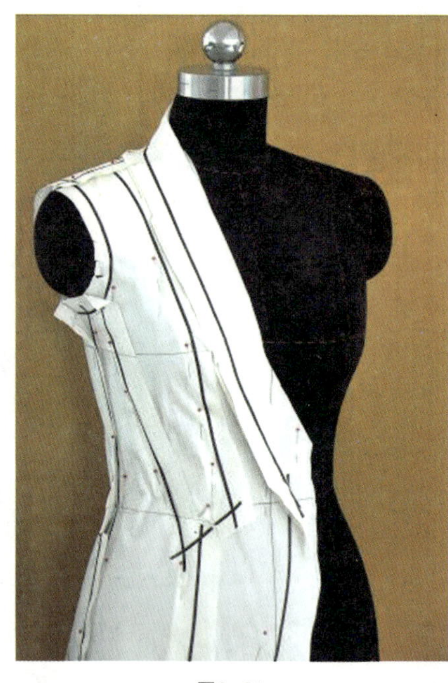

图6-91

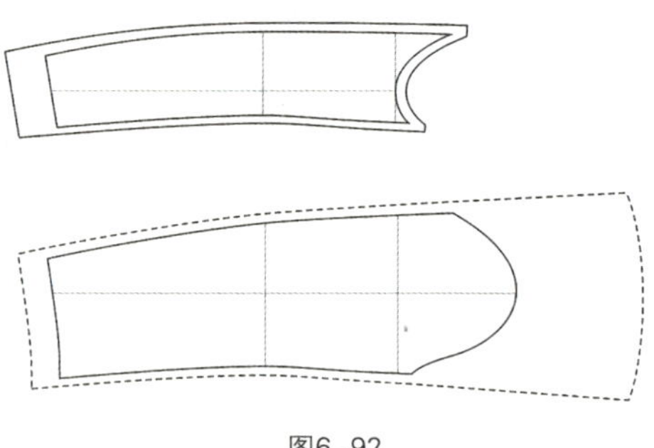

图6-92

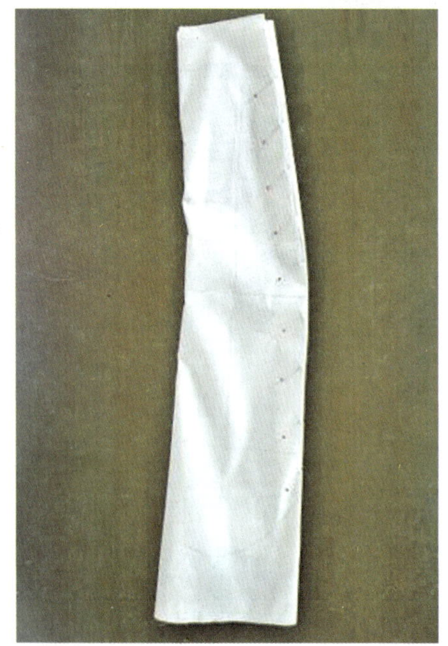

图6-93

图6-94

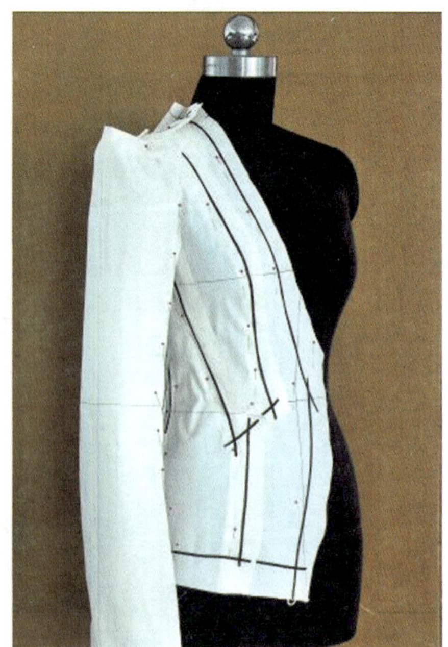

图6-95

## 四、裁片裁剪

（1）裁片修正。将各部位裁片取下，检查、比对各个裁片是否吻合，并将需要修正的各部位进行修正调整（见图6-98至图6-100）。

（2）平面裁剪图如图6-101所示。成衣坯样完成效果如图6-102和图6-103所示。

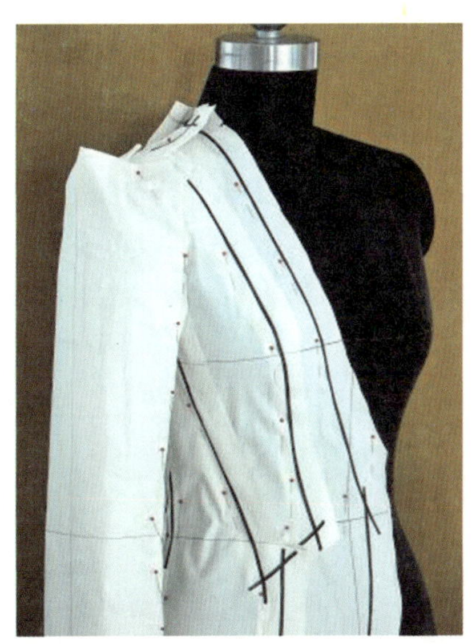

图6-96

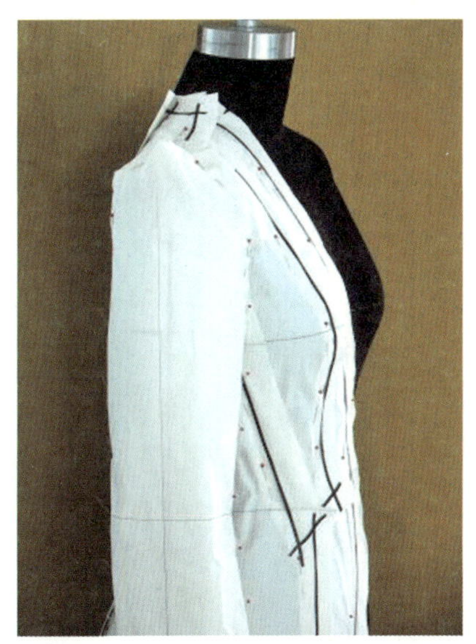

图6-97

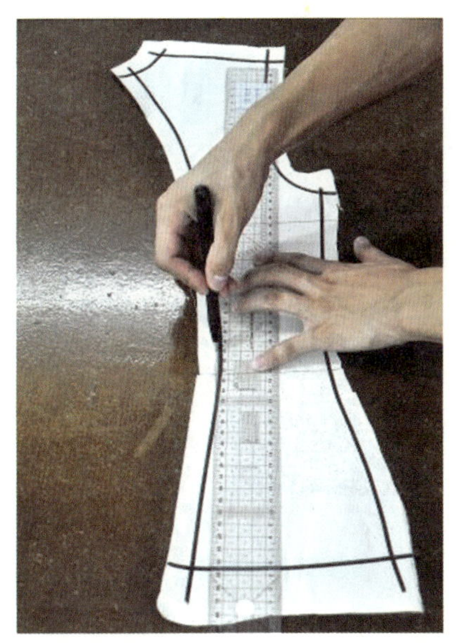

图6-98

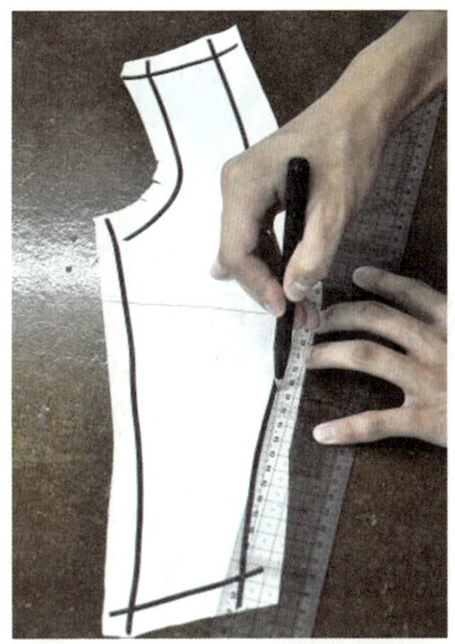

图6-99

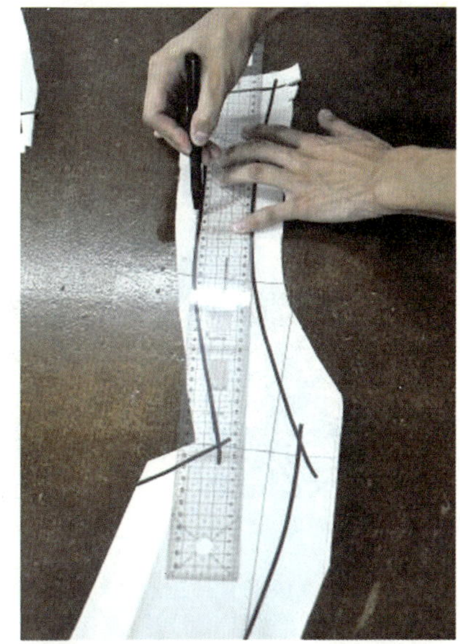

图6-100

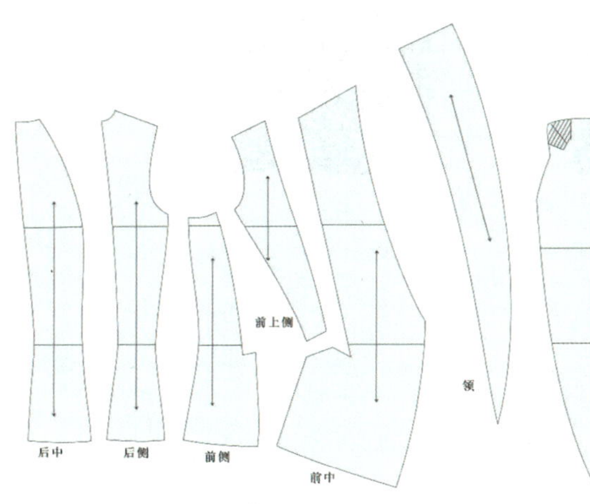


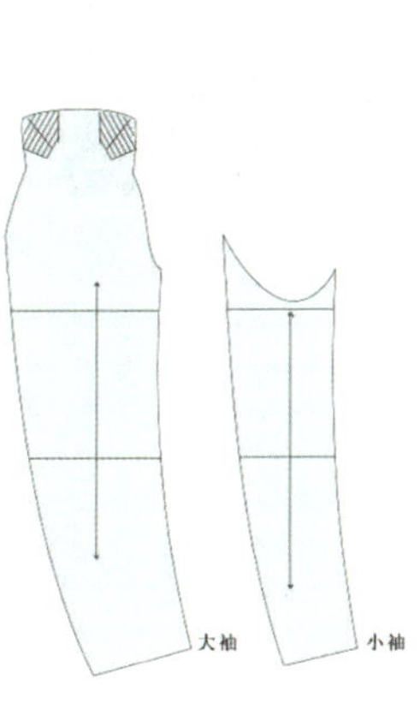


图6-101

图6-102

图6-103

## 本章小结

本章以三款女士上衣为例，主要介绍了分割、省道转移、抽褶、波浪褶等技法在女装成衣设计中的应用。女上衣的设计常常将省道、分割、褶裥有效结合在一起。分割线的设计要充分考虑结构需求，既要符合衣服的功能，也要很好地起到装饰作用。青果领是翻驳领的变化领型，立体裁剪时要留意领面平服。

## 思考与练习

1. 观察生活类服装的结构特征和工艺特征，分析其款式细节的构成手法。

2. 研究本章中几款女装的立体裁剪操作要点，学习各个部件结构的立体裁剪方法，并选择几款案例进行实践学习。

3. 设计2～3款女装，分析其设计要点和立体裁剪操作要点，要求比例合理、造型优美。

成衣（1）　成衣（2）　成衣（3）　成衣（4）

成衣（5）　成衣（6）　成衣（7）　成衣（8）

# 第七章
# 创意礼服立体裁剪实例分析

◆本章导读

礼服可分为婚礼服、晚礼服、日常礼服等。不同类型的礼服造型设计各有不同。在礼服的设计中常使用的立体裁剪手法有分割法、缠绕法、褶饰法和空间造型法等。本章对几款创意礼服的制作过程进行了分析，要求学生掌握礼服裁剪的基本手法，着重掌握礼服设计中重点部位（如肩部、胸部、臀部、裙摆等处）的装饰技巧和方法，并能运用所学的各种技法完成礼服的设计与裁剪。

## 第一节　分割式礼服立体裁剪

### 一、款式分析

图7-1所示为Atelier Versace 2015春夏作品，该作品通过曲线分割、镂空的手法，不仅表现了服装线条的优美，而且能达到合体的要求。设计师将前片以弧线进行分割，巧妙地利用视错的原理，凸显了女性身材的曲线。

### 二、准备工作

（1）用胶带在人台上标示出造型轮廓线，注意所有曲线的圆顺（见图7-2和图7-3）。

图7-1

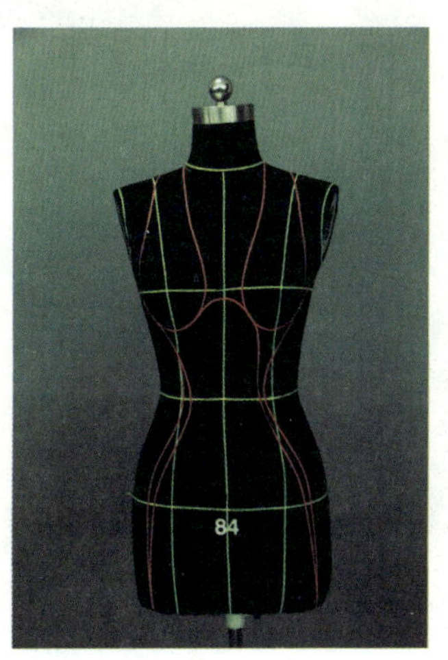

图7-2

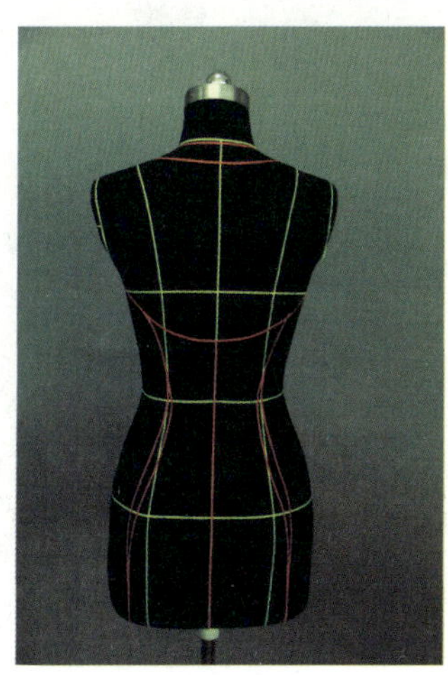
图7-3

（2）准备胸部坯布（见图7-4）。

（3）准备下片坯布（见图7-5）。

## 三、立体裁剪步骤

（1）将上片坯布对准人台标识线，在前中颈窝点、肩点扎针固定，将前中线剪开至领围线位置（见图7-6）。

（2）在胸底收省，标记胸型，再取下裁片修剪多余的毛边（见图7-7）。

（3）取一块下中片坯布置于人台前中，对准腰围线扎针固定，沿着造型线进行标记（见图7-8）。

（4）取右前片置于人台上，对准腰围线，扎针固定，沿造型线进行标记（见图7-9）。

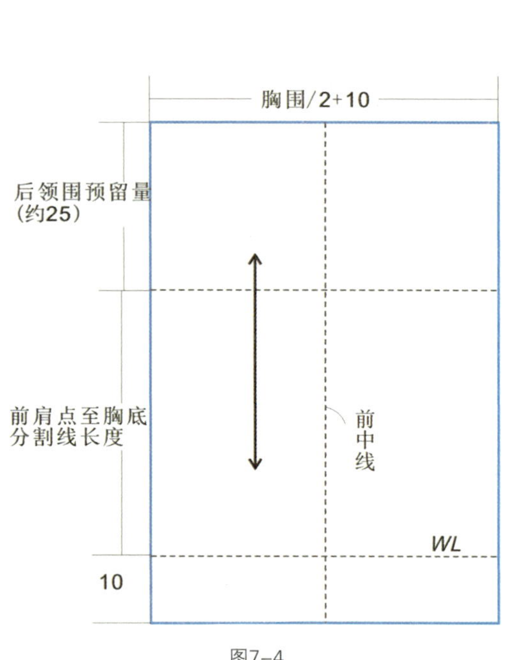


图7-4

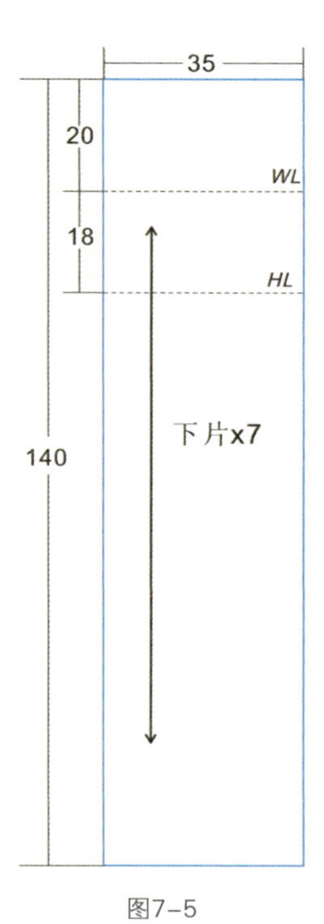


图7-5

图7-6

图7-7

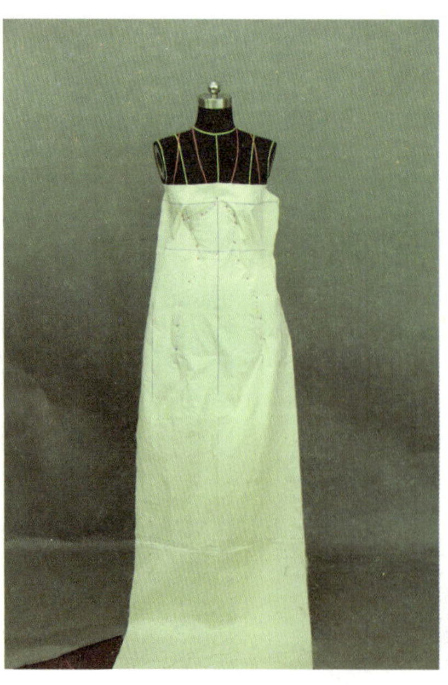

图7-8

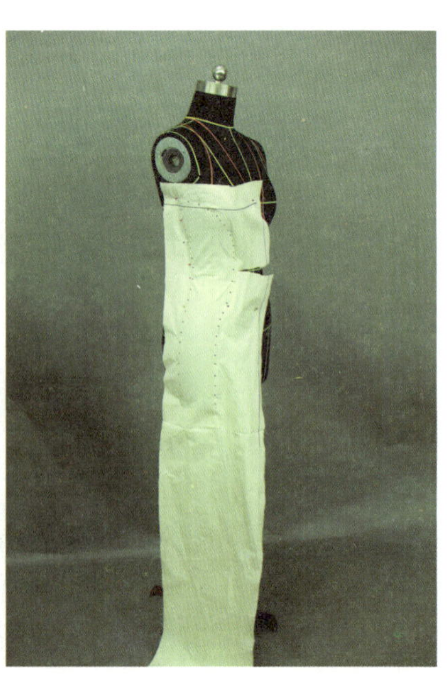

图7-9

（5）取左前片置于人台上，对准腰围线，扎针固定，沿造型线进行标记（见图7-10）。

（6）取左后片、右后片置于人台上，对准腰围线，扎针固定，沿造型线进行标记（见图7-11）。

（7）取后中片置于人台上，对准人台后中线，扎针固定，沿造型线进行标记（见图7-12）。

## 四、校正与取样

（1）用胶带沿预先设计好的造型线做标记，在腰围线、臀围线等位置做好对位记号点（见图7-13和图7-14）。

（2）取下裁片，检查线条连接是否圆顺。

（3）检查拼缝长短是否一致。

（4）最终样板如图7-15所示。

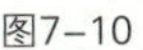

图7-10

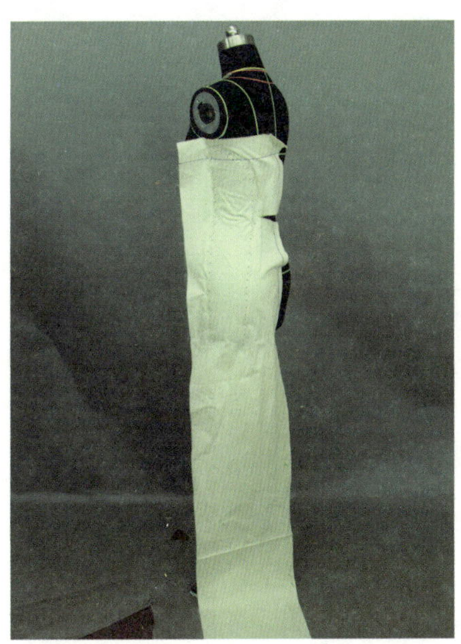

图7-11

图7-12

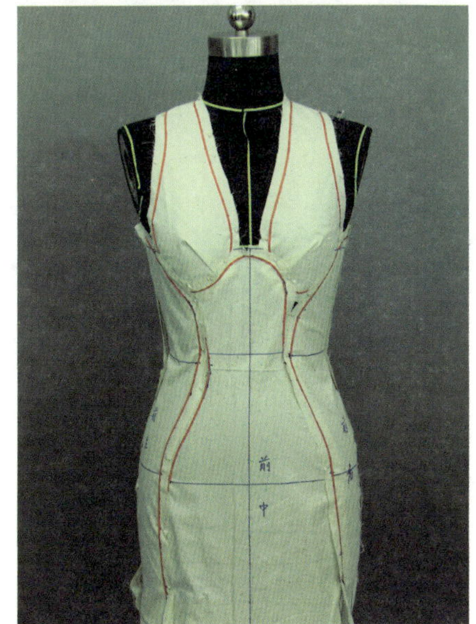

图7-13

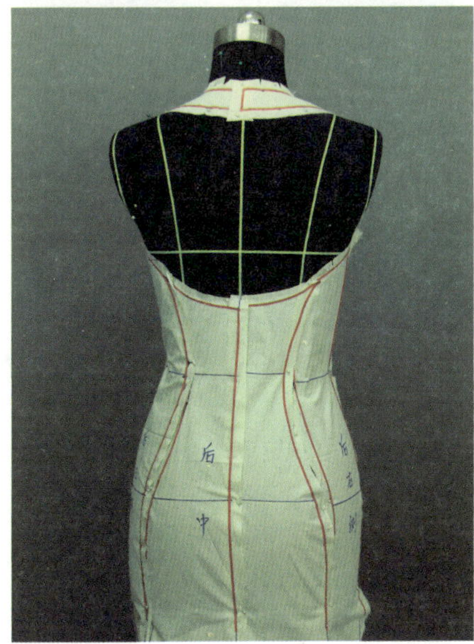

图7-14

图7-15

（5）扣好缝头后的裁片效果如图7-16和图7-17所示。

## 五、分割式礼服其他款式

分割式礼服其他款式如图7-18至图7-21所示。

图7-16

图7-17

图7-18

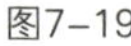
图7-19

图7-20

图7-21

## 第二节 缠绕式礼服立体裁剪

### 一、款式分析

图7-22所示为Elie Saab 2014年作品。该款式礼服的设计灵感源于希腊女神式的长裙。长裙雕琢出女性高雅的曲线；腰部的交叉缠绕设计凸显了纤细柔美的腰肢。Elie Saab作品致力于追求浪漫主义风格。对面料悬垂性的掌握、精湛的工艺及精准的剪裁是决定其版型及整体风格的关键。立体裁剪此款礼服应选用悬垂性好、微弹的轻薄面料。

图7-22

### 二、准备工作

（1）在人台上标记造型线，注意所有弧线部位要圆顺，如图7-23和图7-24红色标记线所示。

（2）准备布料。根据款式需求，最好选择轻薄飘逸、柔顺悬垂的面料，尺寸如图7-25所示。

### 三、立体裁剪步骤

（1）做裙摆部分。将腰部等分成3份，做好标记；取扇形裙摆，按一定比例捏褶，用珠针固定在人台上。注意腰线要略高出黑色标记线，并且保持裙摆在腰线处水平，如图7-26所示。

（2）取一条180 cm长的面料，准备右肩和前胸缠绕。面料宽度视厚薄而定，本例取料50 cm宽。将面料一端根据标记带的位置用珠针固定在人台前中腰部，捏好碎褶，注意褶量分布要均匀，一边捏一边用珠针固定。前中腰部固定好再顺着碎褶往肩部缠绕，用同样的方法捏褶和固定，然后沿标记带经后背绕至右前腰，最后在右臀后中位置用珠针固定，如图7-27和图7-28所示。

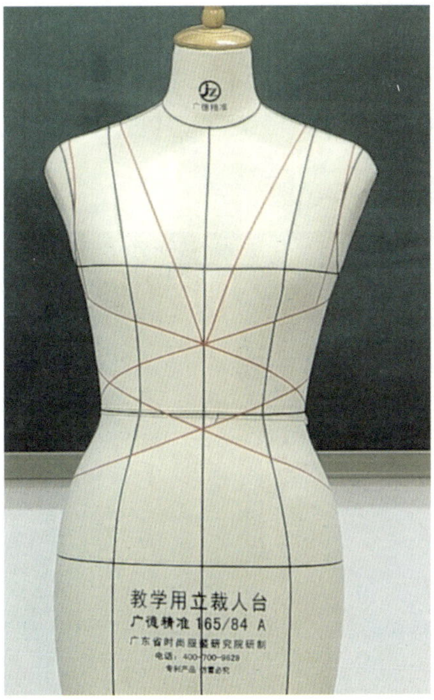

图7-23

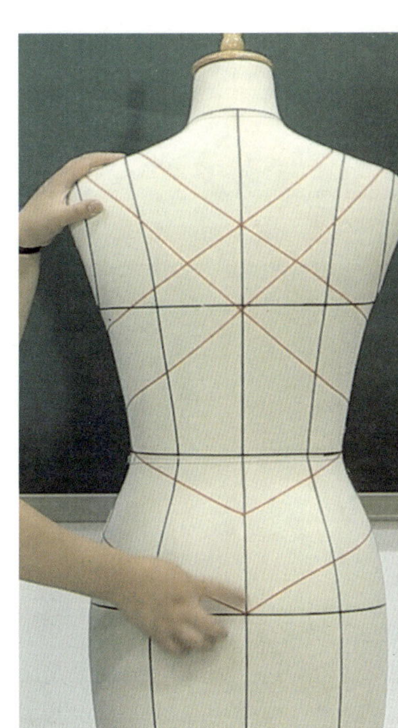

图7-24

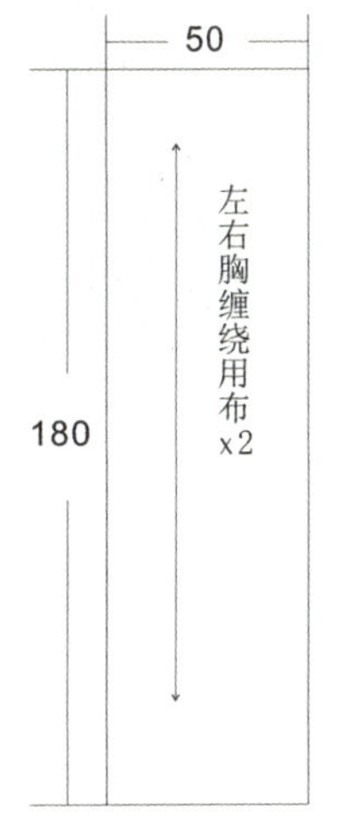


图7-25

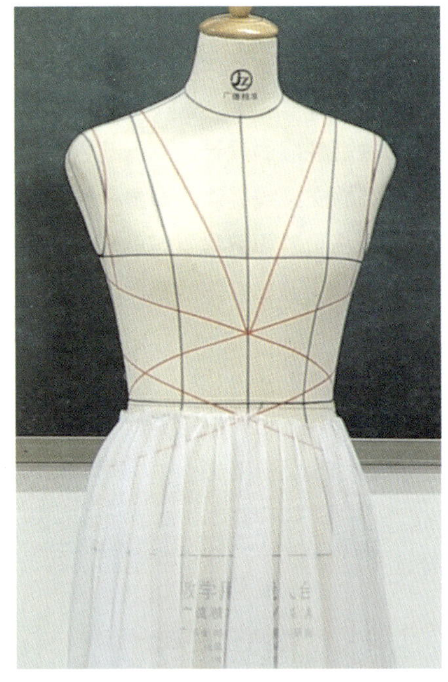

图7-26

图7-27

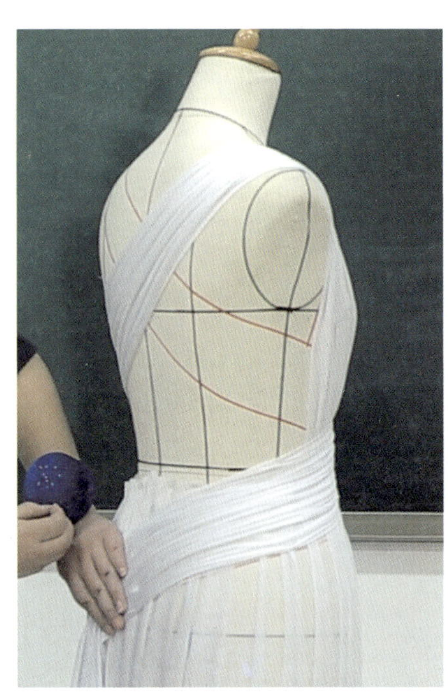

图7-28

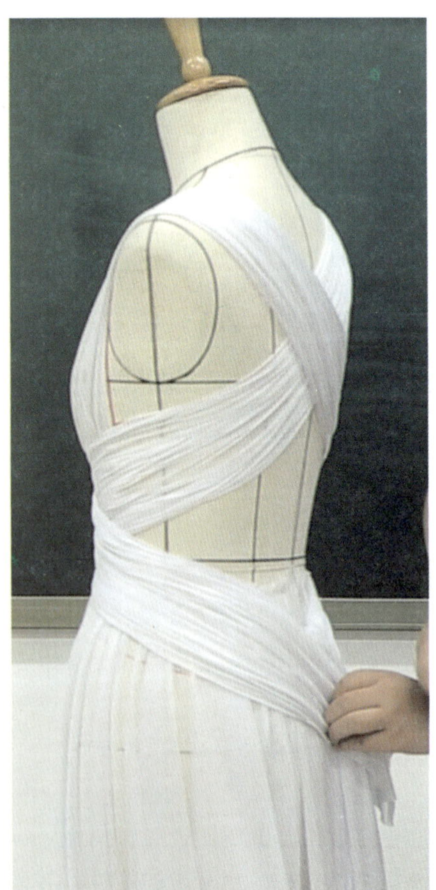

图7-29

图7-30

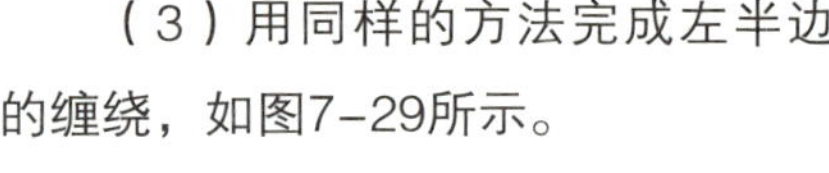

（3）用同样的方法完成左半边的缠绕，如图7-29所示。

（4）修剪多余毛缝。礼服完成效果如图7-30至图7-32所示。

图7-31

图7-32

## 四、缠绕式礼服其他款式

缠绕式礼服其他款式如图7-33至图7-38所示。

图7-33

图7-34

图7-35

图7-36

图7-37

图7-38

# 第三节　交叉裥礼服立体裁剪

## 一、款式分析

图7-39所示礼服是Yiqing Yin 2015春夏作品。该款礼服在前胸位置使用了交叉裥的手法，整体造型精致、优雅。Yiqing Yin的设计以褶饰见长，包含建筑学的原理。它的剪裁手法既有东方写意的流畅意境，同时兼具欧式的文化内涵。立体裁剪该款礼服时应选用较为硬挺的面料，以方便塑型。

图7-39

## 二、准备工作

（1）在人台上标记造型线，如图7-40和图7-41红色标记线所示。

（2）准备坯布，如图7-42所示。

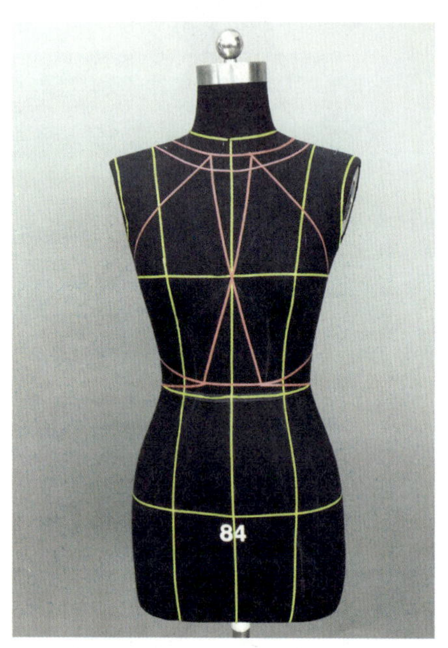


图7-40

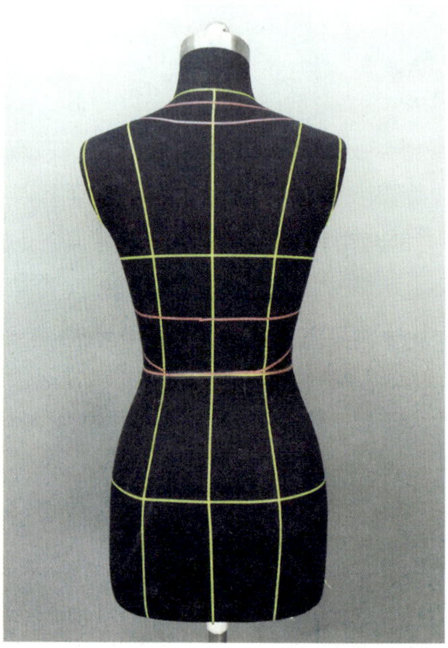

图7-41

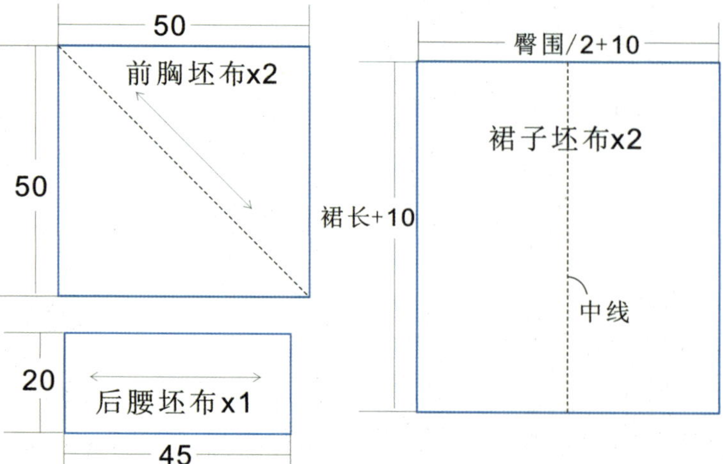


图7-42

## 三、立体裁剪步骤

（1）将前胸坯布沿对角线折叠，注意对角线为斜纱（见图7-43）。

（2）将对折好的等边三角形坯布斜置于人台上，在前领中颈窝、胸围位、腰位扎针固定（见图7-44）。

（3）分别在领围前中位置做褶裥（见图7-45）。

（4）用同样的方法完成另一边的制作（见图7-46）。

（5）修剪胸部和腰部多余的量（见图7-47）。

（6）取后片坯布置于人台后腰，中心线对齐，沿造型线扎针固定，抚平布料，将多余的量减掉（见图7-48）。

图7-43

图7-44

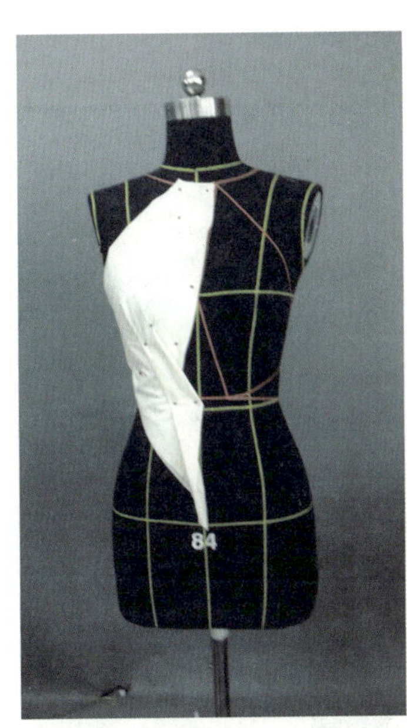


图7-45

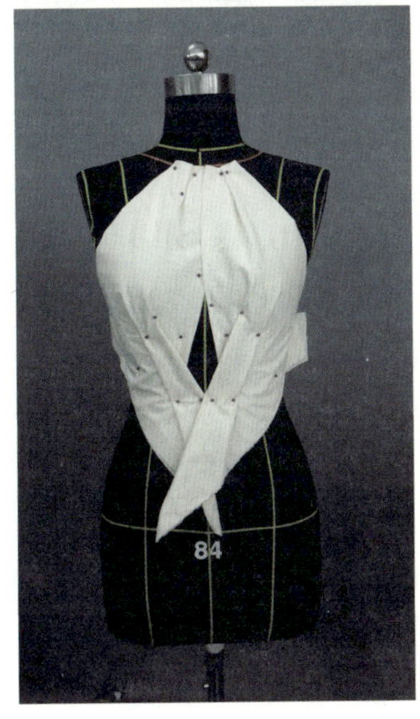


图7-46

图7-47

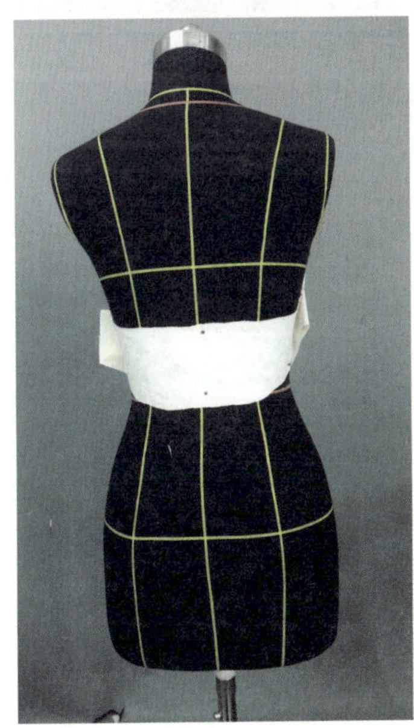

图7-48

（7）取裙子坯布披覆于人台上，前中线对齐，在前中腰位、前中臀围、前中底边扎针固定（见图7-49）。

（8）在前中腰部捏活褶（见图7-50）。

（9）后裙片制作步骤参照直身裙立体裁剪方法。

（10）取一块宽12 cm、长30 cm的坯布置于前中领围位，对齐前中心点，在内领圈打剪口若干，使坯布围绕颈根部平服（见图7-51）。

（11）在腰部褶裥处穿孔，做一根4 cm宽的腰带。

（12）最终完成后效果如图7-52和图7-53所示。

## 四、交叉裥礼服其他款式

交叉裥礼服其他款式如图7-54和图7-55所示。

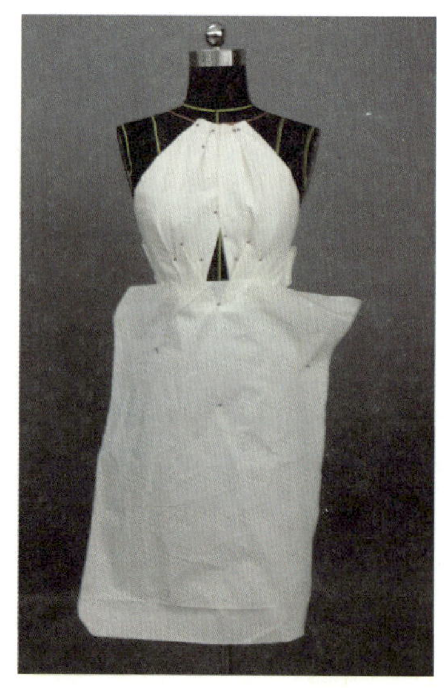

图7-49

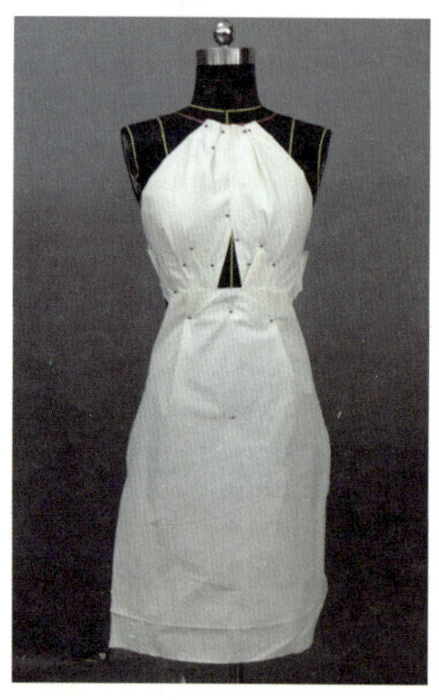

图7-50

图7-51

图7-52

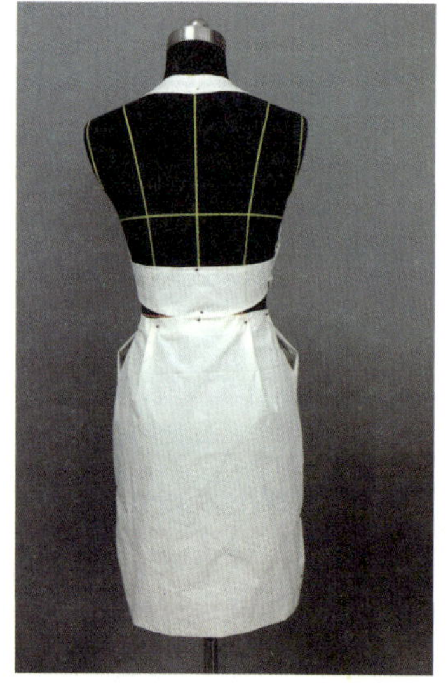

图7-53

图7-54

图7-55

# 第四节 空间造型礼服立体裁剪

## 一、款式分析

图7-56所示礼服是湖南艺术职业学院美术系2015届毕业生蒋冬琴设计制作的作品，其灵感源于传说中的雅典娜。雅典娜是希腊神话中的智慧女神和战神。在材料运用方面，作者选取了有一定厚度但较柔软、塑型效果较好的EVA材料，裙摆则用轻薄透明的欧根纱，一硬一软的两种材料搭配在一起，丰富了服装的肌理效果，将雅典娜柔美而又英姿飒爽的独特气质表现得淋漓尽致。

图7-56

## 二、材料准备

此款服饰头饰所用材料有EVA、卡纸、仿石膏雕花材料。服饰所用材料有EVA、PVC、雪纺、蕾丝。由于EVA较厚，不能使用缝纫机车缝，此款服饰所有部件在人台上直接成型。

## 三、立体裁剪步骤

（1）胸衣的立体裁剪。根据所需要的效果在人台上标线，先用坯布粗裁毛样，造型基本符合效果图要求后，再将PVC树脂材料根据坯布样板切割。为了使胸衣造型、合体度都达到令人满意的程度，这个过程会反复多次，直到调整合适为止（见图7-57）。

（2）袖子部分的立体裁剪。为了使袖子的张力达到预期的效果，在粗裁毛样时使用较硬的卡纸进行造型，最后样板确定后再用EVA材料进行裁制。图7-58所示是在已成型的袖子上装饰花边。

图7-57

图7-58

（3）裙摆的立体裁剪。取一块长方形透明欧根纱和网纱，裙幅宽根据裙围的3倍放量，并用手风琴式折纸法做褶。做褶后的围度和臀围上的标记线长度一致。裙长根据所需长度来定（见图7-59和图7-60所示）。

（4）头饰制作。用EVA制作头饰模型，并对卡纸进行折叠修剪，再用仿石膏花装饰，最后进行喷漆装饰（见图7-61和图7-62）。

（5）同系列两件作品最终完成效果如图7-63和图7-64所示。

图7-59

图7-60

图7-61

图7-62

图7-63

图7-64

## 四、空间造型礼服其他款式

空间造型礼服其他款式如图7-65至图7-67所示。

图7-65

图7-66

图7-67

## 本章小结

本章分析了四款礼服，其中前两款主要侧重于表现人体美，在廓形上选用S形，通过分割、缠绕的立体裁剪手法，突出女性身体的曲线美。交叉裥礼服则是将建筑美学与服装设计完美结合。空间造型礼服注重体积感，强调多层次的立体造型。无论礼服怎样设计和变化，应遵循廓形明确、风格一致的整体原则。本章通过四种不同类型的礼服分析，配以大量实例图片，可拓展学生的思维，达到举一反三的效果。

缠绕式礼服（1）

## 思考与练习

1. 用分割法设计、制作一套礼服，要求所有分割线位置准确，造型优美。
2. 用缠绕法设计、制作一套礼服，要求造型优美，比例、节奏舒适。
3. 用褶饰法设计、制作一套礼服，要求褶饰有创意，位置合理，装饰性强。
4. 尝试用空间创意法设计、制作一套礼服，要求廓形夸张，有较强的舞台表现效果。

缠绕式礼服（2）

# 第八章

# 立体裁剪艺术表现手法和材料拓展

◆本章导读

褶饰、折纸、编织、缠绕、堆积、镂空、分割、绣缀等是立体裁剪的一些常用艺术表现手法；学生应熟练掌握各手法的操作技巧，同时还要能综合运用、融会贯通；了解服饰设计中的一些非常规材料的特点及其在立体裁剪中的应用。

## 第一节　立体裁剪艺术表现手法

### 一、褶饰法

#### 1．形式特征

褶饰法是将布料按有规律或无规律的方法进行折叠或抽缩，使面料产生各种形式和效果的褶纹，形成富有立体感的外观造型，以增添服装的生动感和韵律感。根据造型的需要，折叠的部位可以设计在颈部、肩胸部、腰部等；面料宜选择绸缎、尼龙纺等富有挺括度、具有光泽感的织物。褶纹的形成因受外力、方向、抽缩比例、位置等因素的影响，产生的效果也各不相同。褶按表现特征划分为叠褶、垂坠褶、波浪褶、抽褶、堆褶、自由褶等。

（1）叠褶。叠褶的效果多种多样，主要分为直线折叠和曲线折叠。叠褶法用于立体裁剪中，既能配合人体结构突出身体曲线，又具有明显的秩序感，体现服装设计中“线”的效果，适用于服装主要部位的装饰（见图8-1至图8-3）。

（2）垂坠褶。垂坠褶多采用轻薄柔软的面料来表现。为了使褶的线条流畅优美，在褶纹垂坠的部位一般采用斜纹面料，从两点中间起褶，形成疏密变化的曲线（或曲面）褶纹，具有自然垂落、柔和流畅、优雅华丽的纹理。垂坠褶适用于胸、背、腰、腿、袖山等部位（见图8-4至图8-6）。

（3）波浪褶。波浪褶主要利用面料斜纱的特点及内外圈边长差数，将外圈长出的布量形成波浪式褶纹，其褶纹随着内外圈边长差数的大小而变化，差数越大，褶纹越多，褶纹呈波浪起伏、轻盈奔放、自由流动的纹理状态。波浪褶适用于裙摆或各部位的饰边（见图8-7至图8-9）。

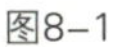
图8-1

图8-2

图8-3

图8-4

图8-5

图8-6

图8-7

图8-8

图8-9

（4）抽褶。抽褶是将布料的一部分用针线平缝后，对所缝部分进行抽缩，使布料产生自然的褶皱，从而产生预期的质感和美观的折光效应。根据造型的需要，抽褶的部位一般在布料的中央或两侧部位，如领口，服装的前中线、侧缝、下摆、袖口等处；缝合的轨迹可以是直线、折线、平行线以及弧线。预裁面料的长度一般为成型面料的2～3倍。抽褶使用的面料多为丝绒、天鹅绒、涤纶长丝织物，因为这些织物的折光性好且厚实，形成的褶皱立体感强（见图8-10至图8-12）。

（5）堆褶。堆褶是利用材料的特性，将布料从多个不同方向进行堆积与挤压，使其呈现出不规则、疏密、明暗、起伏、生动的纹理状态。堆褶具有较强的立体造型效果，适用于各部位的强调和夸张（见图8-13至图8-15）。

（6）自由褶。自由褶是利用材料的特性进行自由缩褶的设计。自由褶的位置较为随意，既可以作为服装重要部位的点缀，也可以作为一种材料的肌理效果呈现（见图8-16至图8-18）。

2. 技术要点

褶饰根据不同形式可以采用手缝，也可选择机缝，关键是要准确估计用布量的多少。缝线时应将线头放在布料反面，根据褶皱造型效果调整线迹长度或轨迹。理顺褶纹时，注意表现褶皱的起伏量和节奏感，强调灵活生动、极具情趣变化的自然立体效果。褶饰在服装造型上应用最为广泛，既可用于局部造型，也可以整体表现。塔夫绸、色丁的褶纹显得华丽、丰盈，雪纺、丝绸的褶纹显得灵动、飘逸，丝绒、天鹅绒的褶纹显得饱满、立体。

图8-10

图8-11

图8-12

图8-13

图8-14

图8-15

图8-16

图8-17

图8-18

## 二、缠绕法

### 1. 形式特征

缠绕法是依靠布料的悬垂性及人体外形的优美曲线进行造型，将布料有规则地或随机地缠绕、包裹、扎系在人体或人台上形成各种造型。缠绕法使用的材料宜选择弹性良好、有金属光泽或丝绸光泽的绸缎、涤丝纺等织物，由于这些材料具有光泽，经缠绕后会形成有规则的或不规则的光环，使立体造型更具艺术感染力（见图8-19至图8-21）。

### 2. 技术要点

在缠绕造型前，应先将准备缠绕的布料集中于一个部位，如腰、胸部等，然后将布料扣好缝份，形成的褶纹要流畅自然。褶纹之间不能呈平行状，最好呈放射状或波纹状，使造型活泼生动，趣味性更强。

图8-19

图8-20

图8-21

## 三、堆积法

### 1. 形式特征

堆积法是将若干个独立的立体造型按照一定的规律排列、堆叠在服装的相应部位，通过疏密有致的堆积手法体现出强烈的立体效果，产生极强的视觉美感。此外，通过面料的不规则捏褶或挤压，也能产生立体堆积的效果（见图8-22至图8-24）。

### 2. 技术要点

单个元素的重复可以在体积大小、颜色等方面进行变化，堆积的位置要根据形式美原则的要求，不能做无序的堆砌。如果是面料的捏褶，则要注意各个褶皱之间最好不要形成平形堆积关系，以免视觉效果太过平板。捏褶量要大小不同，形成变化。

图8-22

图8-23

图8-24

## 四、分割法

### 1. 形式特征

分割法是服装设计中常见的一种造型手法，通过运用分割线的形态、位置和数量的综合设计，对服装进行分割处理，借助视错觉原理改变人体的自然形态，创造理想比例和完美的造型。衣片上的分割线按结构设计的性质可分为功能分割线和装饰分割线两类。功能型分割线多用于合体服装中，含有省量，位置相对固定。装饰型分割线多用于宽松型服装，不含省量，位置设置自由。分割按形态还可分为横向、纵向、斜向、直线及曲线等形式，适用于各种款式的服装造型（见图8-25至图8-27）。

### 2. 技术要点

首先应在人台上确定分割部位，用胶带标记出来，再进行立体裁剪。分割线的比例、方向表现要合理，线条要流畅、美观。注意分割线与人体形态要吻合。

图8-25

图8-26

图8-27

## 五、绣缀法

### 1. 形式特征

绣缀法是将装饰元素通过刺绣、粘贴、缝纫等手法点缀在服装上。如羽毛、花卉、珠、钻、铆钉等，经过排列、重构、组合变化形成疏密、凹凸、节奏、均衡的形式美感的立体实物，在服装造型中起画龙点睛的作用（见图8-28至图8-30）。

### 2. 技术要点

在面料上面通过手工绣缀形成立体感强的凹凸纹样，需要预留足够尺寸的布料，按比例绘制单元格。先观察服装款式造型，在服装款式造型所需的部位上，组合绣缀后的纹理，使之与布料协调、浑然一体。绣缀针法每格间距根据款式缝缩需要和造型效果而定，可宽可窄，表现在强调设计的部位。通过个体元素点缀服装的单个元素的排列放置要遵循形式美基本法则，不要做无序的堆砌。

图8-28

图8-29

图8-30

## 六、编织法

### 1. 形式特征

编织法是将布料折成条或扭曲缠绕成绳状，然后将布条、布绳之类材料按一定规律进行编织，形成具有各种美感的交叉纹理。编织能够创造特殊形式的质感和细节、局部，是直接获得肌理对比美感的有效方式，给人以稳定中求变化、质朴中透优雅的感觉，具有层次感和韵律感。其材料可选用皮革、塑料、布料、绳带等。编饰有绳编、结编、带编、流苏等形式。无论用哪一种编饰，都要注意人体凸起和凹陷处立体造型的省道设计（见图8-31至图8-33）。

### 2. 技术要点

条状编织造型是将布料折成所需宽度的扁平状布条。扁平状布条通过缝纫机缝合完成，将缝份藏在布条的里端。先面面相对进行缝合，后翻到正面熨平。编织过程中对于不能紧密排列的部位，应将布条在不显著的部位巧妙地进行穿插设计。

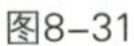

图8-31

图8-32

图8-33

## 七、立体几何法

### 1. 形式特征

立体几何法是根据不同材料的特性构成不同几何体，给人以明朗的廓体形态和具有视觉冲击的力量感。常用到的立体有圆锥体、圆柱体、球体、螺旋体、仿生体等。立体几何法可以是不同平面经分割、重组产生新的造型，也可以是不同小的空间重组，创造出新的造型。立体几何法在舞台服装设计中广泛应用（见图8-34至图8-39）。

### 2. 技术要点

使用立体几何法设计的服装一般造型夸张，宜采用较挺括的材料，在必要时需在面料上加内衬。一些特别的部位可以在内部搭制造型骨架加以支撑。骨架的材料可以根据造型的需要选钢丝、铁丝、塑胶条或鱼骨等。

## 八、折纸法

### 1. 形式特征

折纸艺术作为一种重要的装饰手法与形式语言反映在现代服饰设计艺术上，具有直观的三维立体感，主要的表现手

图8-34

图8-35

图8-36

图8-37

图8-38

图8-39

法有围裹、系绑、手风琴式折叠、弹簧式折叠等。折纸法改变了传统服装的结构模式与形态要素，形成了细致、优雅、活泼、多变的设计风格，从而增加了服装的功能美感与视觉美感（见图8-40至图8-45）。

### 2. 技术要点

在使用折纸法进行服装设计前，需要用比例法进行用料计算，以避免布料不够或浪费。软的面料适合做折纸花的立体造型，硬的面料适合做方形、三角形等几何形体的立体造型。薄的面料适合做多次折叠的复杂折纸效果，厚的面料则不宜做过多的折叠。此外，人体不同部位的折纸手法应用也不同，如胸、臀围凸起，腰部凹陷，应灵活使用不同的折法，使服装造型既美观，又符合人体工程学的需求。

图8-40

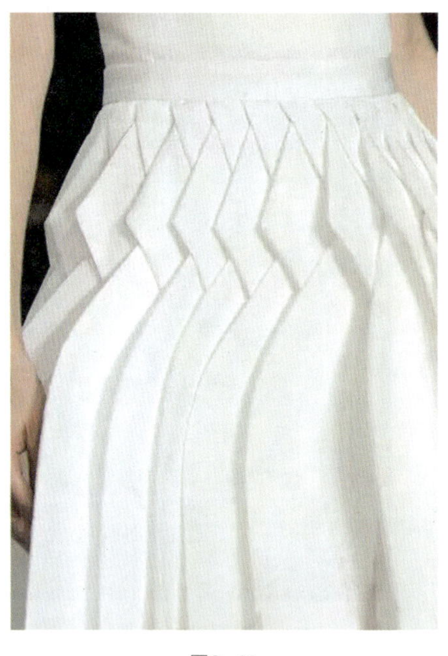
图8-41

图8-42

图8-43

图8-44

图8-45

## 九、镂空法

### 1. 形式特征

镂空法是在面料上将图案的局部切除，造成局部的断开、镂空、不连续性，表现为破坏成品或半成品面料的表面，使其具有不完整、无规律、残破的特征。镂空的方法有两种：一种是在面料上画好图案，用刀将需要镂空的面料割掉，犹如剪纸一样透出底层服装或皮肤；另一种是在进行其他造型时，不经意地留出间隙，从而露出底层面料或皮肤，产生服装透叠、多层的装饰效果。镂空法是现代服装重要的装饰方法之一（见图8-46至图8-51）。

2. 技术要点

由于镂空时会把布料的经纬纱割断而影响服装牢度，因此在选择布料时一般选用皮革或其他不会脱散的面料。如果选用相对较软的面料，需要对面料进行前期的粘衬处理。镂空的纹样造型要和服装的整体风格相匹配。

图8-46 图8-47 图8-48

图8-49 图8-50 图8-51

## 十、填充法

1. 形式特征

填充法是在服装内部添加辅助材料而形成立体造型的一种手法。填充的方法和材料有很多。一种是借助黏合衬、铁丝、塑料片等具有一定硬度、可塑性强的辅助材料与面料材质黏合，支撑面料使之硬挺，从而进行立体造型；另一种是在服装需要塑形的部位加入胸垫、肩垫、臀垫、裙撑等现成的服装辅料，从而达到强化服装造型曲线的目的。在面料里层加入棉花、腈纶棉等轻软、蓬松的填充物，塑造成各种不同的“体块”，也能形成夸张的立体造型，其填充物的大小直接决定服装造型的立体程度（见图8-52至图8-56）。

### 2. 技术要点

在进行填充制作时，需要先进行用料预算，避免填充的过程中用料不够或浪费。如果是用裙撑等骨架支撑造型，裙撑的材料选择也很重要，廓形简单又较大或较硬朗的，宜选用钢丝或扁钢条；廓形复杂多变的，宜选用铁丝，以方便造型。

图8-52

图8-53

图8-54

图8-55

图8-56

## 十一、层叠法

### 1. 形式特征

层叠法是通过服装面料的色彩或大小的渐变，按一定的顺序形成阶段性的变化，构建一种立体或平面的空间关系。层叠法能较好地体现出服装的节奏美与韵律美（见图8-57至图8-62）。

### 2. 技术要点

在使用层叠法进行立体裁剪造型设计时，应注意材料、色彩、分割线等的规律变化，可以通过点、线、面、体的综合运用，使单个元素以疏密、聚散、往复等形式按一定的规律排列，达到整体和谐、优雅的节奏美。

图8-57

图8-58

图8-59

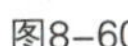

图8-60

图8-61

图8-62

## 第二节　非常规材料在立体裁剪中的运用

在服装设计创意中，服装艺术家或设计师经常会利用一些非常规材料做一些空间、廓形、肌理、色彩上的探索。结合材料的特性，可创作出一些布料无法呈现的视觉效果。由于这种创作具有趣味性，因此可以很好地辅助立体裁剪的学习。

在立体裁剪中常见的非常规材料造型有以下几种。

## 一、EVA材料造型

EVA材料最大的特点是柔韧、有弹性、成型性好、可折叠、可镂空、可扭曲、不易折，常用于做一些几何体或空间创意感强的服装造型。材料经过表面的艺术处理后，可呈现出丰富的视觉效果，如图8-63和图8-64所示。

图8-63

图8-64

## 二、PVC材料造型

PVC材料有硬有软，品种和色彩丰富多样。PVC材料具有一定的柔韧性，可镂空、可堆叠，但弹性不好，常用的有透明的水晶塑料等。PVC材料适合表现有丰富色彩的立体服装造型，通过艺术的创意可表现出丰富的色彩与空间效果（见图8-65至图8-67）。

图8-65

图8-66

图8-67

图8-68

图8-69

## 三、管状材料造型

管状材料的材质具有多样性，因其表面肌理、粗细、色彩、柔韧度不同而体现出不同的特质。运用管状材料的这种特性，通过有秩序的堆叠、缠绕、悬垂，可形成丰富的视觉空间（见图8-68和图8-69）。

## 四、金属材料造型

金属材料具有多样性，生活中常见的钢丝、铁丝、图钉、别针、金属装饰都可以成为有创意的材料。在服装设计中，常用钢丝或铁丝来进行服装空间轮廓的造型，用一些小的金属材料做细节的装饰（见图8-70至图8-73）。

图8-70

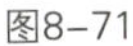

图8-71

图8-72

图8-73

## 五、人造皮革造型

人造皮革花色品种繁多、防水性能好、边幅整齐，在创意服装中适合做硬挺有型的造型设计，在COSPLAY服装设计中会经常用到（见图8-74）。

图8-74

## 六、无纺布材料造型

无纺布又称不织布，将纤维通过热压、热粘或化学手段加工而成。无纺布具有柔韧好、质轻、蓬松性好、色彩丰富、价格低等特点。由于其硬挺度较强，在创意服装设计中常用来塑造廓形夸张的服饰。设计师也喜欢使用无纺布材料通过重叠、堆砌等手法来营造不一样的视觉效果。此外，无纺布由于蓬松性较好，许多人尝试在上面进行填毛等处理，艺术效果也很不错。无纺布作品效果如图8-75至图8-77所示。

图8-75

图8-76

图8-77

## 七、纸质材料造型

纸质材料肌理和色彩丰富，利用纸张的易折叠性，运用镂空、剪、折、叠等立体构成的手法进行空间造型创意，同时利用纸张的色彩和肌理进行服装风格的定位，可形成丰富的视觉空间（见图8-78至图8-80）。

图8-78

图8-79

图8-80

## 八、羽毛材料造型

动物羽毛或人造羽毛十分轻柔，色彩缤纷，有良好的韧性和弹性，利用羽毛材料的这种特性，经过层叠、堆砌，可形成强烈的视觉冲击力（见图8-81和图8-82）。

图8-83

图8-81

图8-82

## 九、编结材料造型

编结材料主要是由绳子等带状物通过编结、盘结、缠绕等手法形成各种造型和款式，色彩丰富，可自由变换，是服装立体造型常用的材料（见图8-83和图8-84）。

图8-84

## 十、自然材料造型

大自然中的材料丰富多样，每一种材料都可以成为立体造型的创意元素，例如可以运用自然界中的花草植物等，创造出意想不到的效果（见图8-85至图8-89）。

## 十一、综合材料造型

在服装的立体裁剪创意中，还可充分构思，利用生活中的一切材料进行造型。综合材料造型在艺术服装的立体创意中应用普遍（见图8-90至图8-94）。

图8-85

图8-86

图8-87

图8-88

图8-89

图8-90

图8-91

图8-92

图8-93

图8-94

## 本章小结

立体裁剪的艺术表现手法既可以在服装造型设计中单独使用，也可以以一种手法为主、其他手法为辅综合使用。综合使用时要遵循主次、秩序等形式美法则，通过点、线、面、体等构成要素设计创建服装整体造型。在创意服装造型设计中，非常规材料的应用越来越多。非常规材料的应用，在很大程度上给服装设计带来了拓展空间。通过非常规材料可突出创意主题，表现设计特色，塑造服装形态，但这必须建立在对材料本身特性及应用规律的充分了解上。

## 思考与练习

1. 简述褶饰法的工艺特征。
2. 简述缠绕法的工艺特征。
3. 用编织法设计一件作品。
4. 以绣缀法为主要技法（可同时结合其他技法）设计2～3款服装，并总结绣缀技法的操作方法和设计要点。
5. 将几种非常规材料组合，以本章所学的立体裁剪技法，设计一个系列的服装（3～5款）。

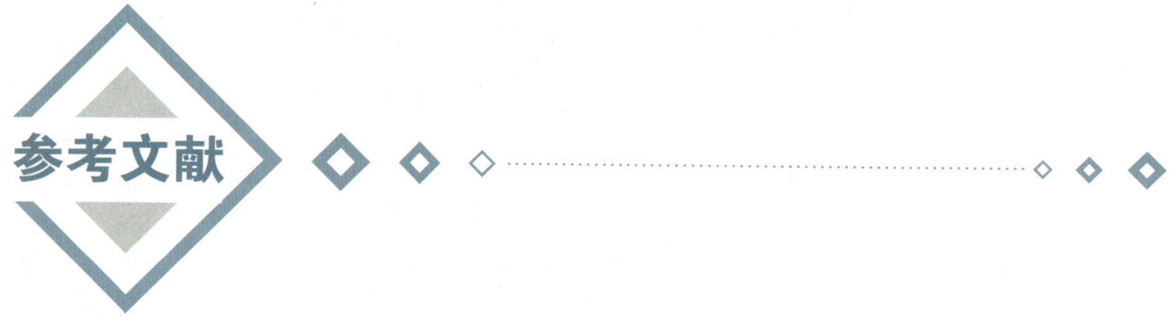

# 参考文献


[1] [美]希尔德·嘉菲，纽瑞·莱利斯．美国经典服装立体裁剪完全教程[M]．5版．赵明，译．北京：中国纺织出版社，2014．

[2] [法]特雷萨·吉尔斯卡．法国时装纸样设计：立体裁剪编[M]．高国利，译．北京：中国纺织出版社，2014．

[3] [日]小池千枝．文化服装讲座（立体裁剪）[M]．白树敏，王凤岐，译．北京：中国轻工业出版社，2000．

[4] [日]中屋典子，三吉满智子．服装造型学（技术篇Ⅱ）[M]．刘美华，孙兆全，译．北京：中国纺织出版社，2004．

[5] 於琳．服装立体裁剪[M]．上海：东华大学出版社，2014．

[6] 张文斌．服装立体裁剪[M]．2版．北京：中国纺织出版社，2012．

[7] 邹平．折纸与抽褶艺术在立体裁剪中的应用[M]．北京：中国纺织出版社，2014．

[8] 况敏．服装立体裁剪[M]．北京：北京大学出版社，2014．

[9] 邱佩娜．创意立体裁剪[M]．北京：中国纺织出版社，2014．

[10] 曹青华，李罗娉．欧洲时装立体裁剪[M]．2版．北京：中国纺织出版社，2015．

[11] 胡忧，欧阳心力．现代服装工艺设计图解[M]．长沙：湖南人民出版社，2008．

[12] [日]三吉满智子．服装造型学（理论篇）[M]．郑嵘，张浩，韩洁羽，译．北京：中国纺织出版社，2006．

[13] 张文斌．服装结构设计[M]．北京：中国纺织出版社，2006．

[14] 周朝晖．服装款式设计[M]．哈尔滨：哈尔滨工程大学出版社，2009．